KB109033

맛있는 게 좋아서

양조절 다이어트

한아름 지음

길벗

맛있는 게 좋아서

양조절 다이어트

초판 발행 · 2022년 6월 22일
초판 3쇄 발행 · 2022년 8월 29일

지은이 · 한아름

발행인 · 이종원
발행처 · (주)도서출판 길벗
출판사 등록일 · 1990년 12월 24일
주소 · 서울시 마포구 월드컵로 10길 56(서교동)
대표 전화 · 02)332-0931 | **팩스** · 02)323-0586
홈페이지 · www.gilbut.co.kr | **이메일** · gilbut@gilbut.co.kr

편집팀장 · 민보람 | **기획 및 책임편집** · 서랑례(rangrye@gilbut.co.kr) | **디자인** · 황애라
제작 · 이준호, 손일순, 이진혁 | **영업마케팅** · 한준희 | **웹마케팅** · 김선영, 류효정
영업관리 · 김명자 | **독자지원** · 윤정아, 최희창

편집 진행 · 김소영 | **교정** · 추지영 | **본문 조판** · 신미연
사진 · 장봉영 | **푸드스타일리스트** · 정재은 | **푸드스타일링 어시스턴트** · 변연서, 이수진, 신인철, 김종혁
CTP 출력 · 인쇄 · 교보피앤비 | **제본** · 경문제책

ISBN 979-11-407-0023-3 (13590)
(길벗 도서번호 020208)

정가 18,500원

독자의 1초를 아껴주는 정성!
세상이 아무리 바쁘게 돌아가더라도
책까지 아무렇게나 빨리 만들 수는 없습니다.

인스턴트 식품 같은 책보다는
오래 익힌 술이나 장맛이 밴 책을 만들고 싶습니다.

땀 흘리며 일하는 당신을 위해
한 권 한 권 마음을 다해 만들겠습니다.

마지막 페이지에서 만날 새로운 당신을 위해
더 나은 길을 준비하겠습니다.

독자의 1초를 아껴주는 정성을 만나보십시오.

이제는
정말 다이어트에 성공하고 싶은 당신에게

일반식을 먹어서 살이 찐 게 아니라 '많이' 먹어서 찐 살인데 왜 다이어트를 시작한다면 닭가슴살에 고구마부터 주문할까? 나 역시 안 해본 것이 없을 정도로 다이어트에 많은 시간과 돈을 투자했다.

사실 내가 원하는 것은 마른 몸매도, 탄탄한 복근도 아닌 '보통 사이즈', '적당히 먹는 사람이 되는 것' 인데 말이다.

그렇게 해서 성공한 적이 있을까? 평생 통통하게 살아온 나는 먹는 것 자체가 삶의 큰 부분을 차지한다. 요리하는 시간도 좋아한다. 그것을 잘 알고 있으면서도 매번 먹는 것을 억제하는 다이어트를 시작했고 어김없이 작심삼일은커녕 하루도 가지 못했다. 내가 좋아하는 것들을 끊거나 참기는 너무나 괴롭고 힘든 일이었다.

그럴 때면 겉으로는 당당하게 '다음 달부터, 내년부터 하지 뭐'라고 했지만 '다이어트 해야 되는데' 하는 말을 달고 살았다.

굶고 빼고 찌고 다시 굶기를 반복하다 보니 내가 사랑하는 음식이 나를 살찌게 했다는 생각에 집밥 먹는 것이 두려워 멀리하려고 했다. 그러고는 얼마 못 가서 평소보다 더 많은 양을 먹고 자책하며 또다시 후회했다.

2020년 5월, 다이어트를 결심한 날. 그날의 상차림이 아직도 기억난다. 생선찌개와 갓 버무린 겉절이김치, 달걀말이, 두부조림이 상에 올랐고 나는 이렇게 말했다.
"엄마, 내 밥은 반만 담아줘." 그렇게 내 양조절 다이어트는 시작되었다.

식습관은 하루아침에 만들어지는 것이 아니다. 오랜 시간 나쁜 습관이 차곡차곡 쌓여온 것인데 다이어트는 늘 조급하다. 그래도 이 책을 펼쳤으니 이제는 자극적인 것들에 흔들리지 않기를, 음식에서 자유로워지기를, 당신이 행복해지기를 바란다.

"뭘 먹는가 이전에 중요한 것은 얼만큼 먹느냐이다."

contents

intro

밥 요리

면 요리

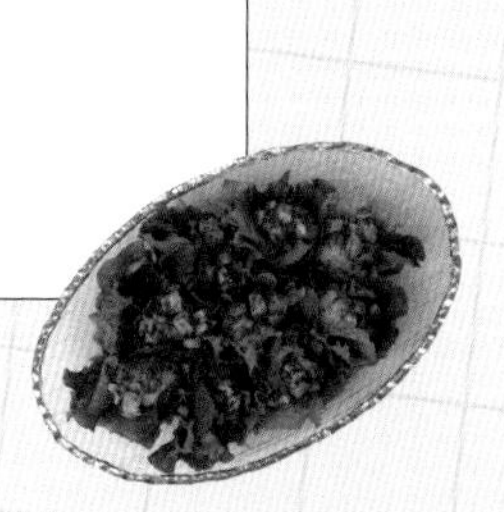

PART 3

한그릇 요리

PART 4

샐러드 & 오트밀죽

PART 5

샌드위치 & 롤

간식 & 안주

주스

양조절 다이어트란?

✔ 누구나 도전할 수 있는 레벨 1단계 방법

✔ 늘 다이어트에 도전하지만 성공하지 못한 이들의 마지막 다이어트

- 매일 먹고 싶은 음식을 먹되 양을 조절하는 것
- 무게나 칼로리를 따지기보다 자신에게 맞는 포만감을 찾아나가는 것
- 메뉴를 제한하지 않고 뭐든 '적당히' 먹는 연습을 하는 것
  예) 떡볶이 맛이 나는 대체품이 아닌 진짜 떡볶이를 적당히 먹으면 식사 만족도가 높다.
- 양념과 조리 방법에서 자유롭고 '절대', '무조건' 안 된다는 생각에서 자유로워지는 것

시작

1 밥그릇을 바꿔라

평소 먹던 밥그릇보다 작은 밥그릇을 사용하자. 같은 양이라도 큰 그릇에 적당히 담긴 밥보다 작은 그릇에 소복이 담긴 고봉밥이 시각적으로 포만감을 준다. 밥 양을 갑자기 반으로 줄이는 것이 아니라 일주일에 한 숟가락씩 덜어낸다는 생각으로 시작해보자.

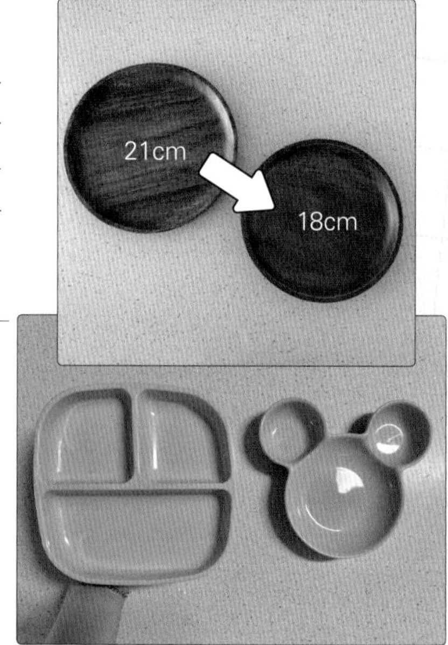

2 일상 운동 시작하기 - 스트레칭 20분+걷기 1시간

계단 이용하기, 가까운 거리 걸어 다니기는 따로 시간을 내지 않아도 할 수 있는 운동이다. 요즘은 헬스장에 가지 않아도 SNS와 유튜브에 홈트레이닝 영상들이 넘쳐난다. 운동할 시간이 없다고 핑계 대기에는 세상이 너무 좋아졌다. 스트레칭과 걷기는 혈액순환과 다이어트에 큰 도움이 된

다. 전신 스트레칭이나 요가, 그날 피로를 느끼는 부위의 스트레칭을 15~20분 정도 한다. 가볍게 걷기는 5천 보부터 시작해 서서히 늘려나가 현재는 1만 보를 걷고 있다.(주 4회, 7km, 1시간 30분)

3 체중 너무 자주 재지 않기

눈으로 보기에 내 몸이 변했다고 느낀 건 10kg 정도 감량했을 때이다. 체중계보다 '눈바디'라고들 하는데, 지치지 않고 쭉 해나갈 수 있었던 것은 꾸준히 체중을 확인했기 때문이다. 하지만 하루에도 몇 번씩 체중계에 오르는 것은 정신건강에 좋지 않다. 물만 마셔도 일시적으로 늘어나는 게 체중이다. 매일 아침, 3일에 한 번, 일주일에 한 번 등으로 체중 재는 주기를 늘려보자.

4 하루 한 끼는 나를 위해 예쁜 식사 차려 먹기 & 덜어 먹기

양조절 다이어트를 시작하면서 어린이용 식판과 손바닥 크기(지름 20cm) 접시에 덜어 먹기 시작했다. 반찬통째로 먹거나 찌개, 전골 등을 냄비째 놓고 먹으면 얼만큼 먹는지 알 수 없어 과식하게 된다. 보기 좋은 떡이 먹기도 좋다. 예쁘고 깔끔하게 차려 먹을수록 양 조절을 하기 쉽고 식사 만족도도 높다.

5 하루 기록하기

'나는 물만 먹어도 살찌는 거 같아'라고 생각한다면 꼭 기록해보자. 일어나서 잠들 때까지 무엇을 먹었는지, 물은 얼만큼 마셨는지, 배변은 원활한지, 운동은 어떻게 했는지, 무리한 다이어트로 머리카락이 빠지거나 피부에 문제가 생겼는지, 여성이라면 생리주기가 달라졌는지 등을 적어보자. 매일 먹은 음식을 사진으로 찍어도 좋다.

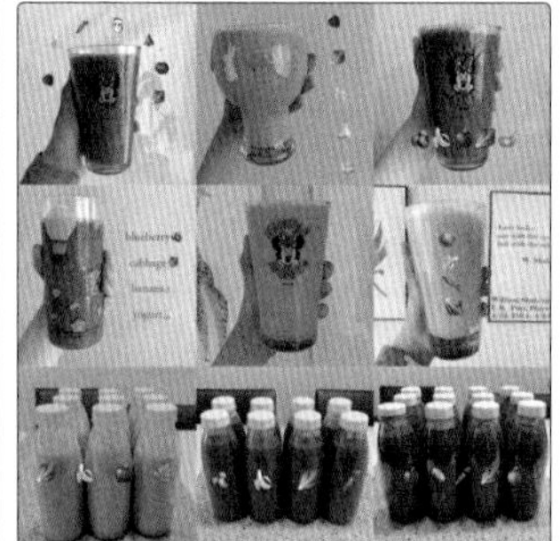

6 스트레스와 조급한 마음 다스리기

빨리 살을 빼서 예뻐지고 싶다는 마음보다 평생 좋은 습관을 길들이자는 생각으로 시작해보자. 나는 왜 매번 포기할까, 살이 잘 빠지지 않을까, 하고 다른 사람들과 비교하다 보면 몸과 마음이 금방 지친다. 스스로를 다독이며 나 자신을 사랑하는 마음을 가졌기에 오랫동안 지속할 수 있었다. 다이어트의 궁극적인 목적은 내가 행복해지는 것임을 매 순간 잊지 말자!

양조절 다이어트 장점 10가지

매일 먹고 싶은 음식을 먹는다.

식습관은 하루아침에 고쳐지지 않는다는 것을 알면서도 샐러드와 닭가슴살, 고구마만 먹다가 실패하는 경우가 많다. 양조절 다이어트는 매일 먹고 싶은 메뉴를 먹는다.

외식에서 메뉴 선정이 자유롭다.

다이어트 중에 다른 사람과 함께 식사를 하더라도 어떤 메뉴든 먹을 수 있다. 다이어트 중이라서 이건 안 되고 저건 안 된다고 양해를 구할 필요 없이 편안하게 즐긴다.

치팅데이가 따로 없다.

치팅데이만을 기다리며 먹고 싶은 것을 참으면 늘 폭식으로 이어진다. 먹고 싶은 것은 언제든지 먹되 너무 늦은 저녁만 피하면 된다. 입은 즐겁지만 몸에는 이롭지 못한 자극적인 메뉴들은 처음에 양조절을 하기가 특히 어렵다. 하지만 한두 번 실패했다고 포기하지 말고 언젠가는 성공할 테니 꾸준히 해보자.

스트레스가 거의 없다.

폭식, 과식, 야식에 길들여져 있다가 하루아침에 샐러드만 먹으려면 스트레스가 쌓일 수밖에 없다. 먹고 싶은 것은 먹어야 행복한 다이어트가 가능하다.

가족과 함께 같은 메뉴로 식사할 수 있다.

덜어 먹기만 실천한다면 가족과 함께 고기도 구워 먹고, 그 외에도 맛있는 음식을 얼마든지 먹을 수 있다.

다이어트 식품을 살 필요 없다.

나는 다이어트용 음식을 거의 먹지 않는다. 대체품을 먹으면 어김없이 본래 음식을 찾게 된다. 떡볶이를 먹고 싶으면 진짜 떡볶이를 먹고 빵이 먹고 싶으면 내가 좋아하는 빵집에 간다. 양과 횟수만 조절하면 된다.

습관이 몸에 배면 다이어트라는 생각이 들지 않는다.

벼락치기 공부는 힘들고 괴롭다. 하지만 매일 조금씩 예습하고 복습하며 익힌 것은 잘 잊어버리지 않는다. 양조절이 몸에 배면 굳이 애쓰지 않아도 자연스럽게 다이어트가 된다.

다이어트 후유증이 없다.

무리한 다이어트를 하면 변비, 빈혈, 저혈당, 탈모, 생리불순 같은 증상이 나타날 수 있다. 양조절 다이어트는 일반식을 조금씩 줄여나가므로 건강상의 문제가 생기지 않는다.

남녀노소 누구나 할 수 있다.

비만은 모든 세대의 고민거리다. 성장기에 있는 아이들, 나이 드신 어른들도 도전할 수 있는 것이 양조절 다이어트다. 걷기운동과 함께하면 더 좋다.

무엇보다 맛있게 먹으면서 다이어트를 한다.

매일 맛있는 음식을 먹으면서도 살이 빠지니 더할 나위 없다. 식사 만족도가 높으니 스트레스도 받지 않는다.

시작은 가볍게, 그리고 꾸준하게

할 수 있는 걸로 할 수 있는 만큼

다이어트를 시작해야겠다고 마음먹으면 그동안 하지 않았던 것을 해야 할 것 같다. 헬스장에 등록하고 닭가슴살, 고구마, 샐러드만 먹어야 할 것 같다.

우리가 다이어트에 매번 성공하지 못하는 이유는 뭘까?
아마도 짧은 시간에 너무 높은 목표를 세우기 때문이다. 말하자면 실패할 수밖에 없는 계획을 세우는 것이다. 내 의지가 약하기 때문이 아니다.

나 역시 그걸 깨닫기까지 너무 오래 걸렸다. 초절식, 단백질 셰이크만 먹기, 생수 단식, 원푸드, 보조제, 한약, 식욕억제제 등 안 해본 다이어트를 찾는 게 더 빠를 정도로 많은 다이어트에 도전했다. 하지만 목표 체중을 달성하지 못했고 찌고 빠지기를 반복하며 스트레스만 가중되었다. 적지 않은 비용을 지출한 것은 물론이다.

멋진 복근과 날씬하고 탄탄한 몸매를 만들고 싶다면 양조절 다이어트만으로는 부족할 수 있다. 그러나 보통의 몸, 건강한 몸이 목표라면 일반식의 양을 조절하는 것부터 시작하자. 다이어트라기보다 좋은 식습관을 들이는 것이다.

사실상 '적당히 먹고 적당히 운동하기'는 누구나 알고 있지만 가장 어려운 방법이라고 한다. 그럼에도 내가 양조절 다이어트를 추천하는건 가장 많이 감량했고, 비용은 가장 적게 들었다. 비만일 때 늘 달고 살았던 허리 통증이 없어졌고 정제 탄수화물과 액상과당 중독에서 오는 두통도 거의 느끼지 못한다. 피부도 정말 많이 좋아졌다.

이제는 마음에 드는 옷을 얼마든지 입을 수 있고, 늘 살을 빼야 한다는 다이어트 강박에서 벗어났다.

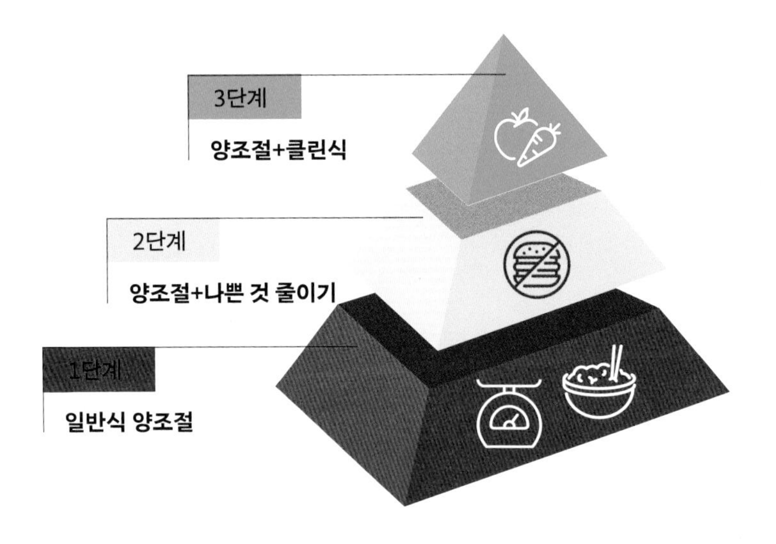

당신의 다이어트 레벨은 몇단계 인가요?

이제 막 걸음마를 뗀 아이에게 뛰어보라고 재촉하는 것은 아닌지 체크해보자!

성공은 거창한 계획으로 이루어지는 것이 아니다.
할 수 있는 것을, 할 수 있는 만큼 '꾸준히' 하다 보면
성공에 이르게 된다.

다이어트 시작부터 함께하는 좋은 습관 11가지

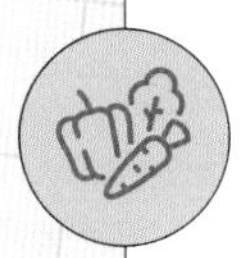

1 채소와 단백질을 먼저 먹고 탄수화물을 먹기

탄수화물도 우리 몸에 꼭 필요한 영양소이다. 무엇이든 과하게 섭취하는 것이 문제!
나 역시 고깃집에 가면 처음부터 된장찌개와 공깃밥을 시켜 고기랑 같이 먹고, 족발집에서는 막국수, 분식집에서는 칼국수와 김밥, 찜요리에는 무조건 면사리를 추가해서 먹었다. 먹는 순간은 행복했지만 먹고 나면 소화도 잘 안 되고 다음 날 화장실도 가지 못했다. 밀가루와 쌀밥은 중독이라고 할 정도로 단번에 끊어내기가 쉽지 않다.
그럼 식사 순서를 바꿔보자. 단백질과 채소를 충분히 먹은 다음에 탄수화물을 조금씩 먹어보자. 일단 배를 채우고 나면 탄수화물이 조금 덜 당길 것이다.

2 쌀밥 대신 현미밥, 귀리밥, 잡곡밥 먹기

매일 식탁에 오르는 밥부터 바꿔보자. 칼로리만큼 중요한 것이 GI지수(혈당지수)이다. GI지수가 낮은 현미밥, 귀리밥, 잡곡밥으로 바꾸면 인슐린 분비를 늦추고 오래도록 포만감을 유지할 수 있다. 100% 현미의 거친 식감이 낯설다면 백미와 섞어 먹으면서 서서히 현미 양을 늘리거나, 혼합잡곡을 섞는 것도 방법이다.

3 앞접시 사용하기

내가 얼만큼 먹어야 배가 부른지 알고 있는가? 배는 부른데 다 비워야 한다는 생각으로 먹은 적이 있을 것이다. 애매하게 남으면 깔끔하게 먹어 치우는 게 낫겠다 싶어 배가 부른데도 계속 먹는다. 아이스크림이든 과자든 먹을 만큼만 덜어 먹자. 가족과 함께 먹을 때도 마찬가지다. 앞접시를 사용하면 얼마나 먹는지 확인할 수 있고 확실히 적게 먹는다.

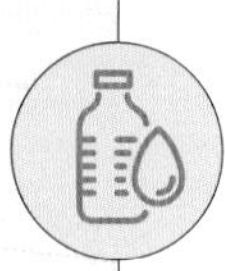

4 물 자주 마시기

세계보건기구에서 권장하는 하루 물 섭취량은 체중의 0.03% 정도로 1.5~2리터라고 한다. 아침에 일어나면 몸을 깨운다는 느낌으로 생수 한 잔을 마신다. 어느새 적응이 되자 몸에 쌓인 노폐물이 배출되어 상쾌한 기분을 느낀다. 항상 물통을 들고 다니는 것도 많은 도움이 된다. 생수 대신 카페인 없는 차를 우려 마시는 것도 좋다. 많은 양을 한번에 마시는 것보다 수시로 수분 보충을 해준다.

5 제철 과일 챙겨 먹기

젤리와 사탕 등 군것질은 아무렇지 않게 하면서 과일 한 조각을 걱정하는 사람들이 많다. 과일은 풍부한 비타민과 단맛으로 에너지를 충족해주어 군것질이 덜 당긴다. 제철 과일만큼 몸에 좋은 영양제는 없다. 하루에 2가지 정도 채소와 과일을 챙겨 먹자.

6 쌈채소와 함께 먹기

양은 줄이고 배는 채워야 한다면 쌈채소를 활용해보자. 식사량이 줄어들면 배변활동이 원활하지 않는데 상추, 깻잎, 양배추, 봄동, 알배추, 케일 등 쌈채소는 변비에도 좋다.

7 탄산음료와 맥주 대신 탄산수 마시기

밀가루를 먹을 때 시원하고 달달한 음료를 마시면 쑥 내려가는 것 같고 느끼한 음식 중간에 마시면 입속이 깔끔해져 음식을 더 많이 먹을 수 있다. 얼음을 섞어 시원하게 마시는 콜라는 지금도 가끔 당기는데 0칼로리 탄산음료 또는 탄산수로 바꿔보자.

8 식후 휘핑크림, 시럽 들어간 음료 줄이기

식후에는 휘핑크림이 가득 올라간 음료나 헤이즐넛, 바닐라라테를 마셨고, 집에도 시럽이 있을 정도로 단것을 좋아했다. 지금은 아메리카노를 마시거나 시럽은 빼고 우유나 두유만 넣어서 마신다. 휘핑크림을 올린 음료는 당기지 않는다.

9 취침 전 4~6시간 전부터 먹지 않기

한번 야식에 빠지면 헤어나기 정말 힘들다. 배가 불러야 잠이 오던 때가 있었다. 그렇다고 저녁을 거른 것도 아닌데도 말이다. 야식은 습관이다. 아직도 야식의 유혹은 늘 있다. 그럴 때면 순간의 즐거움이 아니라 야식 먹은 다음 날의 부기와 더부룩함을 떠올린다.

10 밀가루와 설탕은 대체품으로 먹기

어떤 음식이든 자유롭게 먹는 편이지만 저녁에는 밀가루, 쌀밥, 설탕은 먹지 않으려고 노력한다. 밀가루 음식을 너무 좋아하지만 소화하기 힘들고 더부룩하다. 정제된 탄수화물(당)은 빨리 허기를 느껴 더 많이 먹게 된다. 밀가루면은 두부면이나 곤약면으로 대체하고, 설탕은 스테비아나 알룰로스, 올리고당으로 대체한다.

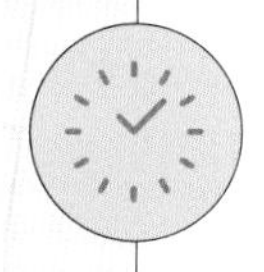

11 천천히 먹기

빨리 먹을수록 비만 위험이 3배까지 높아진다고 한다. 다이어트 전 나의 식사 시간은 10분을 넘지 않았고 열 번도 채 씹지 않고 삼켰다. 식욕을 억제하는 렙틴이라는 호르몬은 일정 시간이 지나야 분비되는데 빨리 먹으면 포만감을 느끼지 못해 과식으로 이어지기 쉽다. 음식을 입에 넣고 숟가락을 내려 놓고 씹는 것이 천천히 먹는데 도움이 되었다.

chapter 2 정체기

정체기 극복

천천히 빠지는 살은 있어도 안 빠지는 살은 없다

73~74kg으로 시작해 10kg 정도 감량하고 나니 체중계의 숫자가 더 이상 꿈쩍도 하지 않았다. 누구나 겪는다는 정체기가 찾아온 것이다.

주 4회 걷기도 꾸준히 하고 식단도 잘 지키고 있는데 왜일까?

62kg에서 더 이상 빠지지 않는 상태가 한 달 정도 지속 되었고 약간의 조급함도 느껴졌지만 그래도 내가 해오던 방법을 믿고 꾸준히 했다.
간식도 조금 더 줄이고 스트레칭도 더 자주 했다.

그리고 다음과 같은 결론을 내렸다.

1. 몇 달간 해온 식단과 운동이 몸에 적응된 것이다.
2. 체지방은 빠지고 근육량이 늘어나면서 체중에는 변화가 없는 것이다.

이제는 진짜 내 몸이 된 것 같아 너무 뿌듯하고 기뻤다.

타고난 사람보다 더 대단한 사람은 꾸준히 하는 사람.

포기하지 말아요. 잘하고 있는 거예요.

폭식증

폭식을 예방하는 5가지 방법

식욕은 말 그대로 음식을 먹고 싶어 하는 마음으로 네 몸이 건강하다는 증거이다. 다이어트를 하면 식욕을 참아내야 한다는 생각에 힘들다.

- 평일에는 잘 조절했는데 주말만 되면 폭식을 해요.
- 스트레스 받으면 먹는 것부터 생각나요.
- 다이어트만 시작하면 안 좋아하던 음식도 자꾸 먹고 싶어요.

나 역시 100% 공감하는 내용이다. 3가지의 공통된 원인은 욕구불만족!
식욕이 충족되면 식탐은 자연스럽게 사라진다.

1

내가 어떨 때 폭식하는지 체크하고 그런 상황을 최대한 만들지 않는다.

예) 점심에 초절식을 하니 저녁에 배가 너무 고파 충동적으로 폭식을 한다.

늦은 시간 먹방을 보니 충동적으로 편의점에 가거나 배달 음식을 주문한다.

폭식하고 후회했던 경험들도 다이어리에 기록한다.

예) 0월 0일 회사에서 스트레스를 받고 ○○을 시켜서 소주를 마신 다음 날 속도 안 좋고 설사를 했다.

다음날 얼굴도 붓고, 스트레스도 전혀 해소되지 않았다.

평소 깨끗한 음식으로 배를 충분히 채운다.

식사량은 하루아침에 줄이는 것이 아니라 서서히 줄여나가야 오래 유지할 수 있다.
다이어트는 무조건 굶는게 아니다. 잘 챙겨 먹는 것부터 시작하자.

폭식했다고 자책하거나 우울해하지 않는다.

어쩌면 가장 중요한 부분이다. 폭식하고 '나는 망했어'라고 자책하지 말고 '이왕 먹은 거 오늘은 충분히 즐겼으니 내일은 좀 더 움직이고 다시 시작하자'라고 생각한다.

살 빼서 예뻐지겠다는 생각보다 건강해지고 싶다고 생각한다.

폭식증을 경험하면 먹고 토하기, 폭식하고 며칠간 굶기 등 건강에 좋지 못한 방법으로 이어지는 경우가 많다. 내가 왜 다이어트를 하는지, 누구를 위해 노력하는지 생각해보자. 세상에서 가장 소중한 나 자신을 위한 것임을 기억하자.

디저트

절대 먹으면 안 되는 게 아니라 나를 행복하게 하는 것

'군것질하지 않기'는 다이어트 계획에 빠지지 않고 들어가는 항목이다.
이전에는 다이어트를 시작하면 좋아하는 달달한 디저트를 무조건 끊었다.
식후 낙이었던 디저트를 끊으니 이렇게까지 해야 하나 싶은 생각이 들었고, 결국 참지 못한 날은 어김없이 폭식으로 이어졌다.
하나면 충분한 마카롱도 앉은자리에서 몇 개를 먹고 빵, 과자, 쿠키를 사면 한 번에 다 먹어치운다. 그러고는 너무 달고 느끼해서 라면을 끓인다. 말 그대로 단짠단짠의 악순환이다.
양조절 다이어트를 하면서 먹고 싶은 디저트를 참지 않아도 된다.
달달한 디저트를 먹는다고 해서 다이어트에 실패하는 것은 아니다.
다만 내 건강에 이로운 것들이 아니니 횟수와 양을 줄이고 '적당히' 먹는 연습을 한다.
줄일지 끊을지를 선택하고, 줄이기로 결정했다면 하루에 한 번 먹던 것을 이틀에 한 번, 일주일에 한두 번으로 서서히 줄여나간다.
쿠키 한 통이었다면 반 통으로, 그다음에는 한두 개로 서서히 줄여보자.
매일 습관처럼 먹을 때보다 오히려 큰 행복을 느낄 것이다.

거짓 배고픔!

● ▲ ✕

야식의 유혹을 이기는 8가지 방법

- 양치질하기
- 탄산수 마시기
- 껌 씹기
- 마스크팩 하기
- 손톱 발톱 정리하기
- 비포(before) 사진 보기
- 가벼운 간식 먹기(토마토, 견과류, 두유)
- 나가서 사올 만큼 먹고 싶은지 생각해보기

나는 그날 저녁의 몸 컨디션과 스트레스에 따라 거짓 배고픔을 느끼는 경우가 많다.
저녁을 잘 먹었는데도 금요일과 토요일 밤은 왠지 아쉽다.
낮에 화나고 짜증 나는 일이 있었다거나 생리 전에는 말할 것도 없이 음식이 당긴다.
배달 앱을 몇 번이고 열었다 닫았다 하고 냉장고 앞을 수시로 어슬렁거린다.

야식과 군것질 습관은 고치기 어렵다. 거기에서 오는 소소한 행복도 적지 않기 때문이다.

하지만 꾸준히 '연습'하면 바뀔 수 있다. 예전에는 먹고 나서 '괜히 먹었다. 살찌면 어쩌지?'라며 짜증을 냈지만 지금은 '너무 맛있어. 내일은 더 열심히 운동해야지'라고 생각한다.

개인차가 있겠지만 습관으로 자리 잡기까지는 적어도 6개월은 노력해야 한다.

성공하지 못한 날이 더 많아도 자책하지 말고 횟수와 양을 조금씩 줄여나가면 누구나 가능하다.

chapter 3 유지기

언제 어디서나 할 수 있는 만보 걷기!

걷기운동의 효과
체지방 감소, 장 운동, 우울감 개선, 스트레스 해소, 모든 질병 예방, 폐활량 증가

양조절 다이어트와 함께 꼭 추천하고 싶은 것은 걷기운동이다. 다이어트를 시작하며 1:1 운동을 배워볼까도 생각했지만 용기가 나지 않았다. 헬스장에 가도 러닝머신만 하다 돌아오는 날이 많았고 부끄러워 기구 사용법도 묻지 못했다. 무엇이라도 해보자며 시작한 것이 걷기였다.

처음에는 하루 5천 보를 목표로 걸었다. 자다가 발가락이 꺾여 잠에서 깨기도 했지만 꾸준히 했다. 지금은 주 3~4회 만보 걷기를 걷고 있다.
만보 걷기도 처음에는 2시간 걸리던 것이 1시간 30분으로 단축되었다. '많이 걸으면 다리가 더 굵어지는 거 아닌가요?' '걷는 것만으로 살이 빠질까요?' 이런 생각을 하기 전에 일단 시작하자.

만보 걷기가 아니어도 좋다. 하루 30분만이라도 하늘을 올려다보고 바람도 쐬면서 계절의 변화를 느껴보자. 좋아하는 음악도 실컷 들으며 생각 정리도 할 수 있다. 두 정거장 전에 내리기, 계단으로 다니기 등은 일부러 시간 내지 않아도 누구나 할 수 있다.

'잘할 수 있을까요?'라고 물어보기 전에 일단 시작하고,
그다음엔 잘하고 있다고 믿고 ,
꾸준히 하면 누구나 목표에 도달한다.

누가 뭐래도 끝까지 중심을 잡아줄 사람은 결국 나 자신이다.

스스로를 믿지 못하면 아무것도 할 수 없다.

안 되는 건 없다. 될 때까지 안 할 뿐이다.

티끌 모아 건강! 틈새 운동으로 건강 지키기

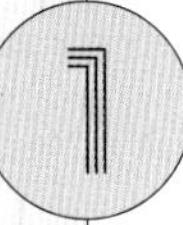

침대 위 스트레칭

아침 알람이 울리면 벌떡 일어나기보다 긴장이 풀려 있던 몸을 서서히 깨워주는 것이 좋다. 손가락 발가락을 꼼지락거리는 것부터 시작해 다리를 접었다 폈다 하며 말초신경부터 몸을 천천히 깨워준다. 1분이면 충분하디.

아에이오우 얼굴 스트레칭

얼굴 근육도 피로감을 느낀다. 뭉친 근육을 자주 풀어주어 예쁜 미소를 만들어보자. 아에이오우 하기, 눈알 굴리기, 귓불 만지기 등을 습관화해 부기를 빼고 페이스 라인을 살린다.

의자에 앉아서 할 수 있는 스트레칭

목 돌리기, 손깍지로 목덜미 누르기, 허리 펴고 숙이며 풀어주기 등 의자에 앉아 일을 하거나 공부 중에도 수시로 스트레칭한다.

유튜브 스트레칭

자기 전에 매일 피로감을 느끼는 부위나 몸 전체를 스트레칭이나 요가 등으로 풀어준다. 15분이면 충분하다.

머리 말리는 10분 허리운동 & 와이드 스쿼트

머리를 말리는 동안 허리도 접었다 폈다 하고 발목도 돌린다. 와이드 스쿼트를 하거나 한쪽 다리를 번갈아 화장대 위에 올려 무릎 뒤쪽이나 발목을 펴서 스트레칭한다.

계단 이용하기 & 두 정거장 전에 내리기

무거운 짐이 없다면 엘리베이터 대신 계단을 이용한다. 비 오는 날은 야외에서 걷는 것을 대신하기에도 좋다. 평지를 걷는 것보다 체력 단련에도 도움이 된다. 처음에는 3층 정도만 올라가도 숨이 찼는데 이제는 높은 층수도 거뜬하다.

자기 전 핸드폰 보는 동안 L자 다리 & 하늘 자전거

대부분 잠들기 전 누워 SNS를 보거나 메시지를 주고받는데, 벽에 다리를 올리거나 자전거 타는 자세로 하루 종일 피곤했던 다리를 풀어준다.

작심삼일도 괜찮아! 계획형 인간이 아니어도 좋아!

작심삼일이라는 말은 3일 만에 마음먹은 일이 흐지부지된다는 뜻으로 보통 부정적으로 사용되는 경우가 많지만 나는 그렇게 생각하지 않는다. 어떤 일을 해내기에 처음 3일이 정말 길고 힘들다는 걸 알고 있어서일 것이다 . 작심삼일이어도 3일 동안 계획을 지켰다면 그것만으로도 충분하다. 이제는 하루 계획, 주 계획, 월 계획을 짜보자.

그 계획은 무조건 하기, 안 하기가 아니라 서서히 목표에 가깝도록 세우는 것이다. 실패할 수 밖에 없는 무리한 계획 말고 스스로 지킬 수 있는 약속을 해야 자존감과 성취감도 높아 진다. 또 한 가지 방법은 누굴 위한 다이어트인지 수시로 내 자신에게 상기시키는 것이다. 세상 누구보다 스스로를 더 많이 제일 사랑해 주자.

다이어트는 드라마틱한 변화를 꿈꾸며 무리한 계획을 세우는 경우가 많은데
한 달 동안 5kg를 빼야 한다기 보다 건강해지고 싶다는 마음으로 시작하면 좋다.

Q & A

다이어트 질문 10

Q1 양조절 다이어트로 얼마나 감량했나요?

키 170cm 몸무게 74kg으로 시작해 59kg이 되었다.

Q2 감량 기간은 어느 정도인가요?

첫 한 달은 4kg 빠졌고 이후에는 한 달에 1~2kg씩 꾸준히 감량해서 지금은 잘 유지하고 있다. 식사량만 줄였는데 첫 달에 4kg이 빠져서 바로 확신이 생겼다.

Q3 다이어트 계기는 무엇인가?

어릴 때부터 늘 통통했고 늘 다이어트가 고민이었는데 성공하지 못했다. 그러던 어느 날 입을수록 늘어나야 하는 속옷이 작게 느껴져 다음 날부터 집밥을 줄이기 시작했다.

Q4 양조절은 어떻게 시작하는 게 좋을까요?

처음엔 내가 끊을 수 있는 것과 그럼에도 불구하고 먹고 싶은 것을 구분해본다. 예를 들어 무조건 설탕을 안 먹는 것이 아니라 탄산음료를 끊고 쿠키와 초콜릿은 먹는다. 칼국수와 수제비는 평생 안 먹을 수 있어도 짜장면과 라면은 가끔 먹는다. 몸에 이롭지는 않아도 먹으면 행복한 음식이 있다. 끊을 건지, 줄일 건지 일단 정하고 줄일거면 횟수와 양을 어떻게 줄일 건지도 생각해보자.

Q5 다이어트 후 좋은 점은 무엇인가요?

내가 원하는 옷을 입는 것, 고질적인 통증이 사라진 것, 피부 톤과 결이 개선된 것. 그리고 사소한 모든 것이 좋아졌다. 복부 비만으로 허리가 아팠고 밀가루 음식이 체질에 맞지 않다는 걸 알면서도 거의 매일 먹다 보니 배는 늘 가스가 찼고 피부는 당연히 나빴다. 과식한 다음 날은 속이 쓰리고 불편했다. 완전히 끊지 않고 양과 횟수를 줄이는 것만으로 모든 것이 좋아졌다.

Q6 식욕을 조절하기 힘들 때는 어떻게 해야 할까요?

식욕 조절이 안 된다면 너무 초절식을 하고 있거나 반대로 특정 음식에 중독되어 습관처럼 많은 양을 자주 먹고 있는 건 아닌지 체크해보자. 두 가지 모두 스트레스에서 오는 경우가 많으니 조급해하지 말고 적절한 계획을 세워 한 단계씩 나아가자.

Q7 매 끼니와 하루 식사량은 어떻게 조절하나요?

매 끼니 식사량을 조절하는 것도 중요하지만 하루 동안 먹는 양을 조절하는 것도 매우 중요하다. 매일 점심을 밖에서 고칼로리 위주로 먹는다면 아침과 저녁을 줄이고 저칼로리 음식을 먹으면 된다. 반대로 저녁 약속이 있다면 아침과 점심은 가볍게 먹는다.

Q8 운동하기 싫거나 몸이 안 좋을 때는 어떻게 하나요?

몸이 아프거나 생리를 할 때는 식단과 운동을 어떻게 해야 하느냐는 질문을 자주 받는다. 예뻐지는 것보다 건강이 먼저다. 아프면 쉬는 게 당연하다. 몸 상태가 좋아야 다이어트도 더 잘된다. 충분한 수면도 다이어트에 큰 도움이 된다. 7~8 시간은 꼭 자려한다.

Q9 일반식을 먹기가 두려우면 어떻게 해야 할까요?

지속 가능한 식습관인지 생각해보자. 칼로리를 계산하고 무게를 재는 엄격한 다이어트 식단을 지키다 보면 일반식이 두려울 수 있다. 바디 프로필이나 웨딩 촬영과 같은 목적이 아니라면 고구마, 닭가슴살, 샐러드만 먹고 살 수 없으니 평생 한다고 생각하고 꾸준히 습관을 들이자.

Q10 유지하는 방법

- 탄단지(탄수화물, 단백질, 지방) 골고루 챙겨 먹기
- 쌀밥, 설탕, 밀가루 음식 피하기
  (정제 탄수화물과 멀어지는 연습)
- 제철 과일과 채소, 건강 주스 마시기
- 마지막 식사 후 14~16시간 공복 유지하기
- 걷기, 가벼운 스트레칭 꾸준히 하기
- 즐기고 싶을 땐 즐거운 마음으로 먹고 다시 시작하기
  (주말, 여행, 야식 등)
- 월별 계획 세우고 실천 기록하기

일반식과 다이어트 요리를 함께! 하루 한 끼는 저탄수화물 식단

점심을 밖에서 해결하는 직장인과 학생에게 추천

일차	구분	메뉴
1일차	아침	비트바나나요거트스무디
	점심	일반식 1/2
	저녁	소고기마늘샐러드
2일차	아침	그릭요거트, 사과 1/2쪽, 견과류 한 줌
	점심	일반식 1/2
	저녁	알배추항정살찜
3일차	아침	양배추사과주스, 삶은 달걀 2개
	점심	일반식 1/2
	저녁	밥 없는 양배추김밥
4일차	아침	검은콩우유
	점심	일반식 1/2
	저녁	밥 없는 두부유부초밥
5일차	아침	빵 없는 샌드위치
	점심	일반식 1/2
	저녁	소고기숙주볶음
6일차	아침	바나나양배추아보카도주스
	점심	일반식 1/2
	저녁	닭가슴살비엔나소시지볶음
7일차	아침	시금치바나나주스
	점심	일반식 1/2
	저녁	셀프참치LA김밥

양조절 다이어트 레시피 위주로 구성된 일주일 식단

●▲✕

사진 촬영 등 빠른 감량 관리에 추천

1일 차

나트륨 배출에 좋은 토마토 식단

아침	방울토마토 5~10개, 고구마 1개
점심	토달볶시금치덮밥
저녁	오징어미나리말이

상추로 포만감을 주어 저녁은 가볍에 먹는 식단

아침	고구마 1개, 방울토마토 5~10개
점심	닭가슴살상추쌈밥
저녁	바나나오이주스

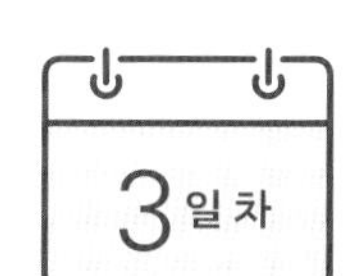

3일 차쯤 되면 단맛이 당긴다! 달달한 단호박 식단

아침	견과류 한 줌, 그릭 또는 플레인 요거트, 사과 1/4개
점심	아보카도낫토비빔밥
저녁	미니단호박에그슬럿

연어 스테이크로 지루하지 않은 4일 차 식단

아침	케일사과주스, 견과류 한 줌
점심	오이탕탕샐러드+고구마 1개
저녁	연어스테이크

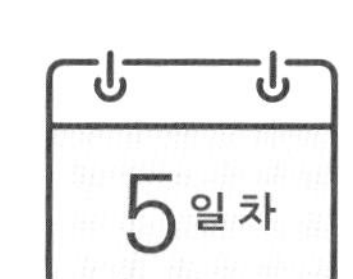

뚱샌드위치 하나 만들어서 간단하게 해결하는 식단

아침	브로콜리달걀샌드위치 1/2개
점심	브로콜리달걀샌드위치 1/2개
저녁	시판 닭가슴살샐러드

하루만 더 힘내자 식단

아침	양배추사과주스
점심	구운두부덮밥
저녁	소고기채소찜

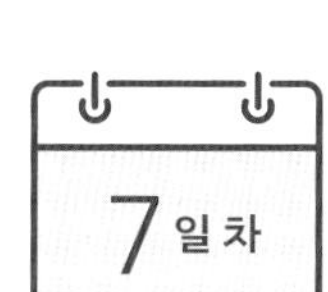

드디어 끝! 맛있게 먹고 예쁜 사진도 남기는 마지막 식단

아침	삶은 달걀 2개, 방울토마토당근주스
점심	밥 없는 채소순두부카레
저녁	양배추스테이크 & 새우마늘볶음

점심 도시락으로 관리하는 일주일 식단

유지기 다이어터에게 추천

1일차

아침	견과류, 블루베리스무디
점심	당근김밥
저녁	삼색파프리카참치전

2일차

아침	고구마 1개, 청포도케일주스
점심	밥 없는 두부유부초밥
저녁	순두부컵누들

3일차

아침	크래미부추오트밀죽
점심	닭가슴살마늘볶음밥
저녁	바나나양배추아보카도주스

4일차

아침	비트바나나요거트스무디
점심	통밀토르티야랩
저녁	곤약면콩나물비빔국수

5일차

아침	케일키위파인애플주스
점심	팽이버섯김치볶음밥
저녁	라이스페이퍼고구마치즈스틱

6일차

아침	삼계오트밀죽 또는 참치미역오트밀죽
점심	당근라페루콜라리코타샌드위치
저녁	양배추귤당근주스

7일차

아침	오빠당주스, 견과류 한 줌
점심	게살숙주볶음밥
저녁	두부면두유파스타

가족과 함께하는 다이어터에게 추천

2인 이상 메뉴

- 밀푀유나베
- 훈제오리 쌈두부 월남쌈
- 시금치 프리타타
- 통밀토르띠야 고구마피자
- 밀가루 없는 달걀피자
- 훈제오리 쌈무말이
- 다이어트 고깃집볶음밥

세트 메뉴

- 매운오징어 볶음곤약면 + 밀가루 없는 부추전
- 곤약양배추 떡볶이 + 게맛살순두부 달걀찜
- 닭안심 유린기 + 닭가슴살 곤약짜장면
- 곤약면 비빔당면 + 닭가슴살 만두강정
- 닭가슴살 겨자냉채 + 느타리 버섯 게맛살전
- 케일쌈밥 &참치쌈장 + 안심과 따뜻한 채소샐러드
- 곤약면 초계국수 + 소고기 채소말이 구이
- 알배추참치 두부말이 + 매콤 두부면볶음
- 닭가슴살 만둣국 + 만가닥버섯 들깨덮밥

재료 계량 방법

이 책에 사용된 계량법을 소개합니다.

1큰술

| 가루류 | 숟가락에 수북이 떠서 담아주세요.

| 액체류 | 숟가락에 넘치지 않을 정도로 담아주세요.

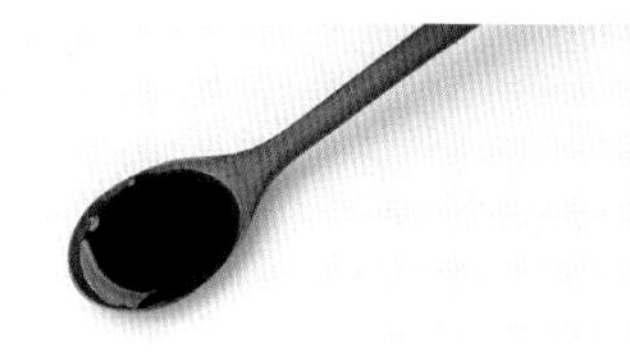

1줌

한 손에 담길 만큼 집어주세요.

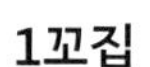

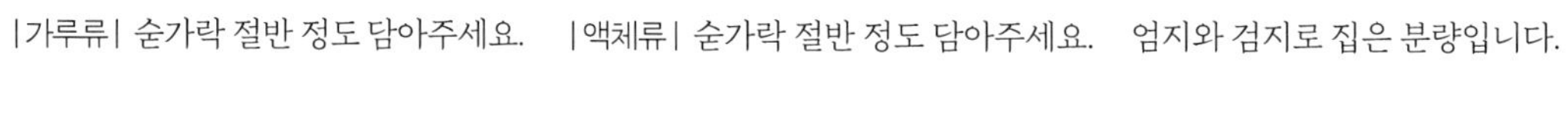

1/2큰술

| 가루류 | 숟가락 절반 정도 담아주세요.

| 액체류 | 숟가락 절반 정도 담아주세요.

1꼬집

엄지와 검지로 집은 분량입니다.

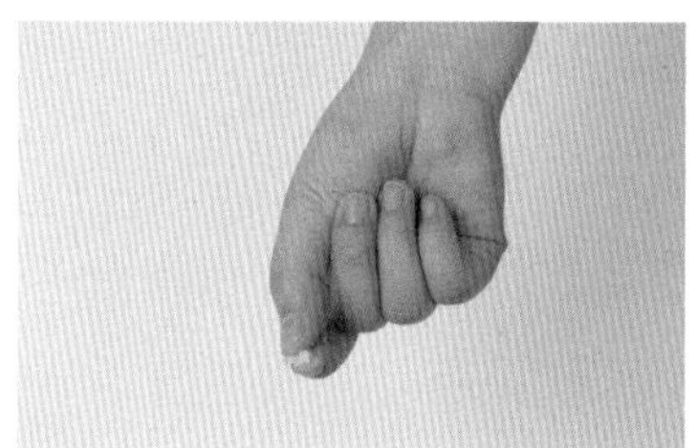

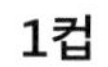

1작은술

| 가루류 | 작은 숟가락(아이스크림 숟가락) 수북이 떠서 담아주세요.

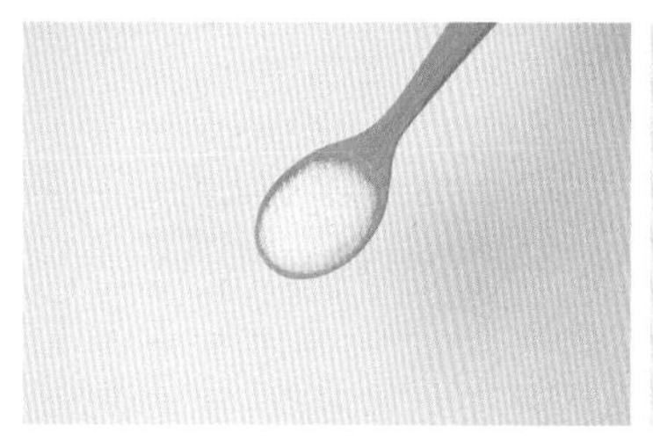

| 액체류 | 작은 숟가락(아이스크림 숟가락)에 넘치지 않을 정도로 담아주세요.

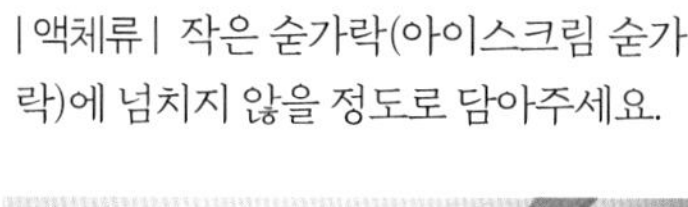

1컵

종이컵 크기로 계량해주세요.
1컵 180~200ml.

기본 썰기

재료 써는 방법을 소개합니다.

통썰기

재료 본연의 모양을 살려 썰어주세요.

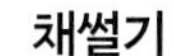

채썰기

통썰기한 후 두께에 맞춰 길게 썰어주세요.

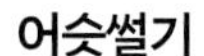

어슷썰기

통썰기와 같은 형태로 두고 사선으로 썰어주세요.

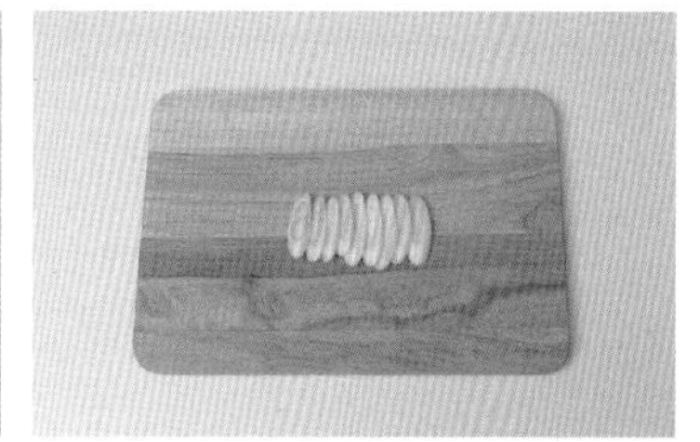

송송 썰기

길이가 긴 채소를 얇게 통썰기하는 방법이에요.

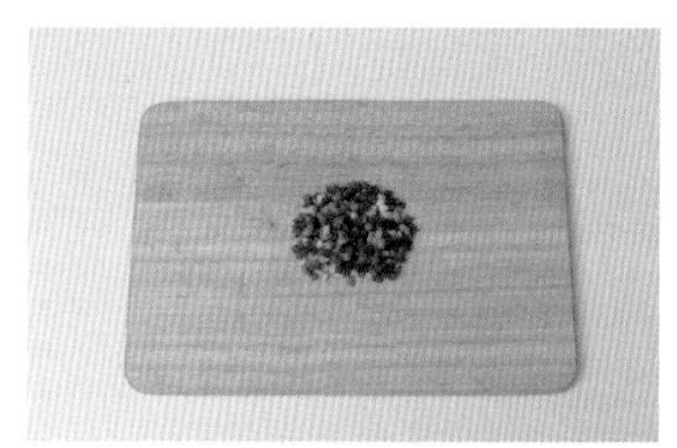

잘게 다지기

얇게 채썰기한 채소를 다시 가로로 잘게 썰어주세요.

깍둑썰기

정육면체 모양으로 썰어주세요.

반달썰기

채소의 길이대로 반으로 갈라 얇게 또는 도톰하게 썰어주세요.

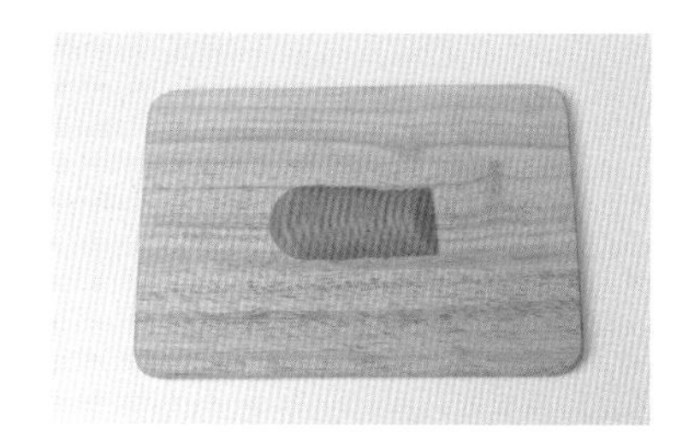

밥 요리

DIET

• 토달복시금치덮밥 • 어린잎참치비빔밥 • 닭가슴살마늘볶음밥 • 케일쌈밥 & 참치 쌈장
• 만가닥버섯들깨덮밥 • 구운 두부덮밥 • 당근김밥 • 닭가슴살상추쌈밥 • 소고기오이소보로덮밥
• 일본식닭안심덮밥 • 다이어트고깃집볶음밥 • 닭가슴살팽이버섯마요 • 게맛살숙주볶음밥
• 팽이버섯김치볶음밥 • 오징어간장볶음밥 • 아보카도낫토비빔밥

토달볶 시금치덮밥

"토마토는 칼로리도 낮고 포만감이 좋아서 다이어트와 아주 친한 식재료예요. 토마토의 라이코펜 성분은 익혔을 때 흡수율이 더 높아집니다. 빨갛게 익은 토마토로 맛있는 덮밥을 만들어보세요."

재료

밥 100~150g
방울토마토 7~10개
달걀 2개
시금치 2~3대
대파 1/2대
우유 50ml
굴소스 1큰술(또는 진간장 1큰술+올리고당 1큰술)
올리브오일 2큰술

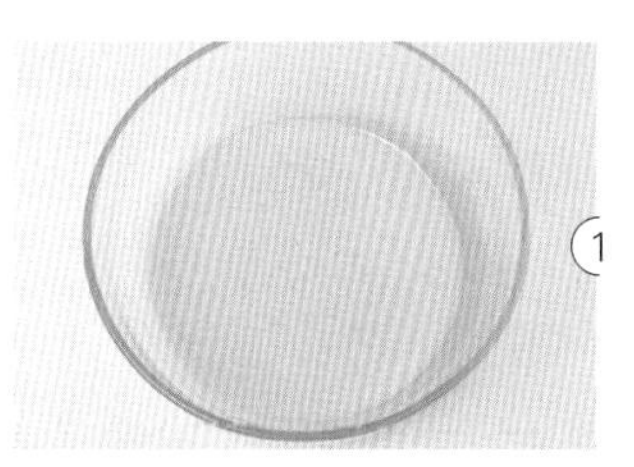

1. 그릇에 우유와 달걀을 섞어서 풀어줍니다.
2. 방울토마토는 반으로 자르고 대파는 잘게 다져요.
3. 시금치는 한 장씩 떼어내고 사이사이 끼어 있는 흙을 깨끗이 씻어주세요.
4. 팬에 올리브오일 1큰술을 두르고 중약불에 달걀을 뒤적여가며 스크램블드에그를 만듭니다.
5. 스크램블드에그는 한쪽으로 밀어두고 올리브오일 1큰술을 둘러 다진 대파와 방울토마토를 중불에 1분간 볶아줍니다.
6. 대파 향이 올라오면 스크램블드에그와 볶은 토마토를 섞고 시금치와 굴소스를 넣어주세요.
7. 센 불에 20초 더 볶고 따뜻한 밥 위에 올립니다.

☆ 방울토마토가 아닌 큰 토마토를 사용해도 됩니다.
☆ 스크램블드에그에 치즈를 추가하면 더 맛있어요.

어린잎참치 비빔밥

"가볍지만 꽉 채운 맛, 참치 비빔밥입니다. 단백질은 꼭 닭가슴살이 아니어도 괜찮아요.
단백질 가득한 식재료는 얼마든지 많답니다. 신선한 어린잎채소도 더해서 맛있는 비빔밥을 만들어보세요."

재료

참치 100g
현미밥 150g
어린잎채소 2줌
달걀 1개
고추장 1작은술
참기름 1작은술

1 참치는 체에 받쳐 기름기를 제거합니다.

2 어린잎채소는 큰 볼에 찬물을 받아 손가락으로 살살 흔들어 씻은 후 키친타월에 올리거나 채소 탈수기로 물기를 완전히 제거합니다.

3 달걀 프라이를 만듭니다.

4 따뜻한 현미밥 위에 어린잎채소와 참치, 고추장, 참기름, 달걀 프라이를 올립니다.

1

2

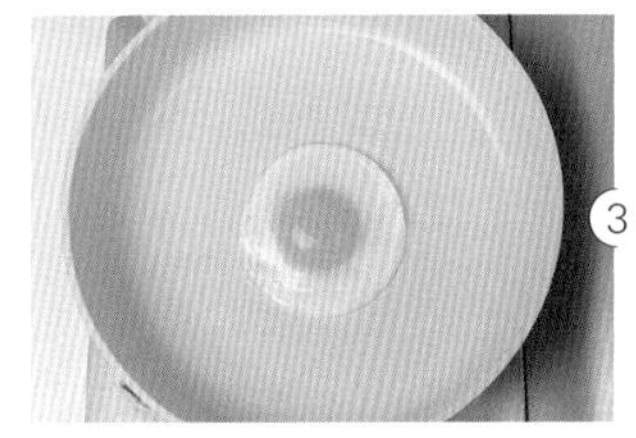

3

4

- 상추, 깻잎, 양배추 등 집에 있는 채소를 듬뿍 올려서 먹으면 더 맛있어요.
- 어린잎채소는 먹을 만큼 세척하거나 물기를 완전히 제거하고 밀폐용기에 키친타월을 깔고 담아서 보관합니다.

닭가슴살마늘 볶음밥

“우리는 마늘의 민족! 구운 마늘이 이렇게 맛있었나 싶을 거예요.
간단한 재료이지만 맛은 풍부하게! 다이어트 도시락으로도 추천합니다.”

재료

닭가슴살 100g(1덩이)
현미밥 150g
새송이버섯 1개
통마늘 5개
간장 1큰술
쪽파 조금
올리브오일 1큰술
후춧가루 조금

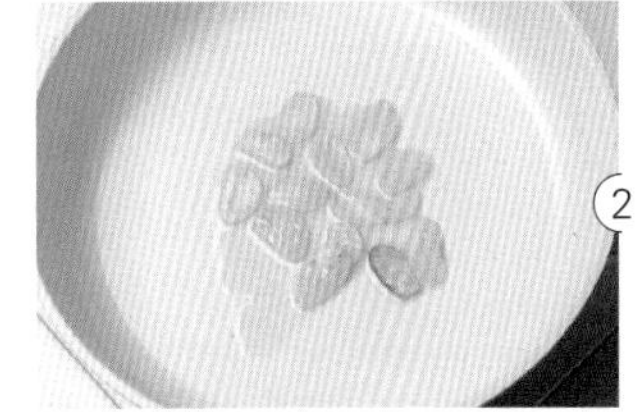

1 통마늘은 0.3cm 두께로 편 썰고, 닭가슴살과 새송이버섯은 1cm 두께로 깍둑썰기를 해요.

2 팬에 올리브오일을 두르고 편 썬 마늘을 약불에 노릇노릇 2분간 볶아요.

3 깍둑썰기한 닭가슴살과 새송이버섯을 넣고 후춧가루를 뿌려서 2분 정도 닭가슴살이 익을 때까지 볶아요.

4 현미밥을 넣고 골고루 섞은 후 간장을 넣고 센 불에 20초간 볶아줍니다.

5 다진 쪽파를 올립니다.

- 간장 대신 굴소스를 넣어도 됩니다.
- 달걀 프라이나 스크램블드에그를 올려도 좋아요.
- 완조리 닭가슴살을 사용해도 됩니다.

케일쌈밥 &
참치쌈장

"쌉싸름한 케일 쌈에 단백질 가득한 참치로 만든 쌈장을 올려서 먹어요.
한입에 쏙 들어가는 크기로 도시락을 만들어보세요."

재료

케일 10장
참치 150g
현미밥 150g
홍고추 1/2개
소금 1꼬집
깨 조금

쌈장 양념

된장 1큰술
고추장 1큰술
참기름 1큰술
저칼로리 마요네즈 1큰술
올리고당 1큰술
다진 마늘 1작은술

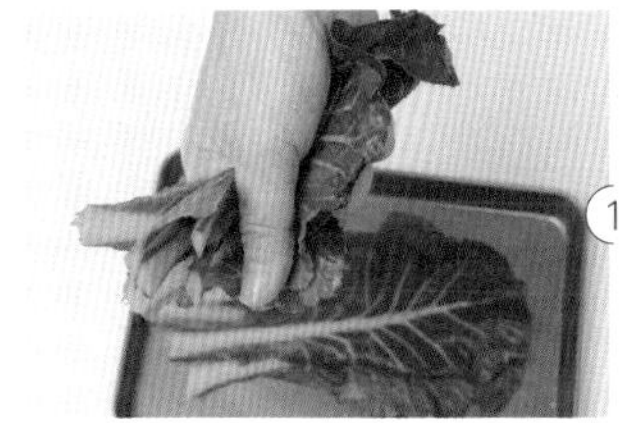

1. 케일은 깨끗이 씻어서 끓는 물에 소금 1꼬집을 넣고 10초간 데친 후 찬물로 헹궈 물기를 꼭 짭니다.
2. 현미밥은 그릇에 덜어 한 김 식힙니다.
3. 참치는 체에 담아 숟가락으로 꾹꾹 눌러 기름기를 제거합니다.
4. 참치에 분량의 양념을 섞어 쌈장을 만듭니다.
5. 케일 1장에 밥을 동그랗게 뭉쳐 올리고 초밥 모양으로 말아줍니다.
6. 케일쌈 위에 참치 쌈장을 소복이 올리고 얇게 통썰기한 홍고추와 깨를 올립니다.

+ 참치 1캔으로 2~3회 먹을 분량의 쌈장을 만들어요.
+ 소금 1꼬집을 넣고 케일을 데치면 초록색이 더 선명해집니다.

만가닥버섯
들깨덮밥

"항산화 성분으로 꽉 찬 만가닥버섯! 저칼로리 식재료에 쫄깃한 식감까지 콜레스테롤 수치를 낮추는 데도 도움이 된다고 하니 간단하고 맛있는 버섯 요리 식단에 꼭 추가해 보세요."

재료

만가닥버섯 150g	들깻가루 1큰술
현미밥 150g	물 3큰술
양파 1/4개	액젓 2/3큰술
다진 마늘 1작은술	쪽파 조금
올리브오일 1큰술	
참기름 1큰술	

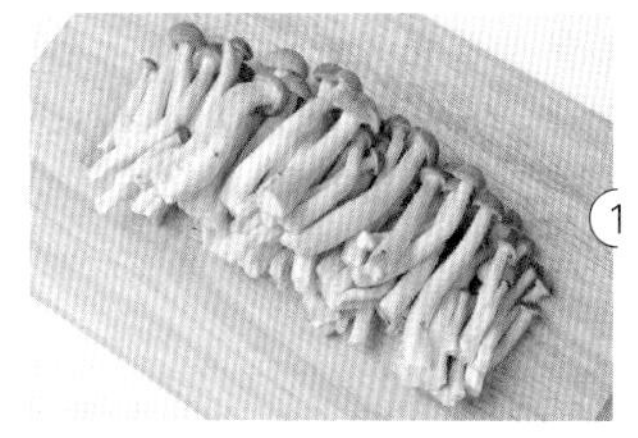

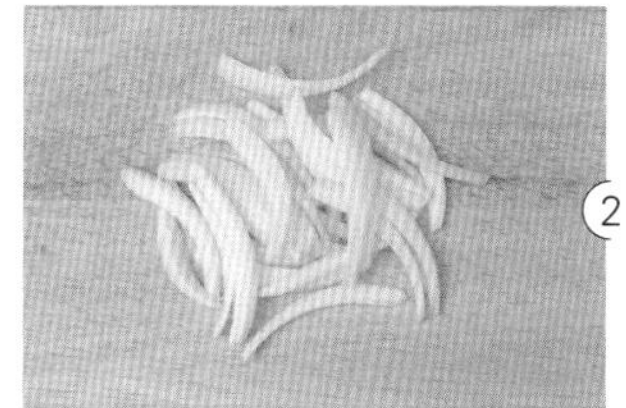

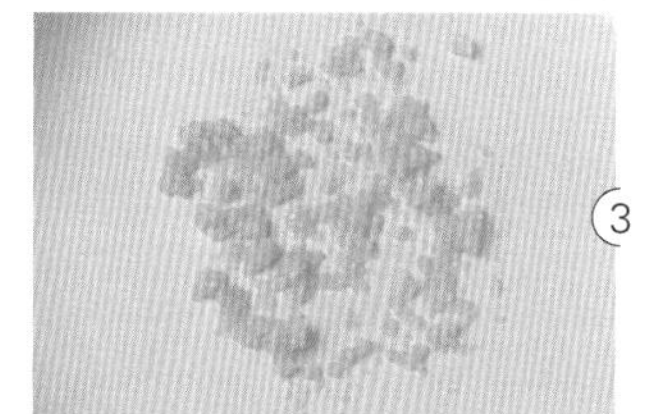

1. 만가닥버섯은 밑동을 자르고 한 가닥씩 떼어냅니다.
2. 양파는 버섯과 비슷한 굵기로 채 썰어요.
3. 팬에 올리브오일과 참기름을 같이 두르고 약불에 다진 마늘을 10초간 볶아주세요.
4. 채 썬 양파를 넣고 1분 정도 볶다가 만가닥버섯, 물, 액젓, 들깻가루를 넣고 중불에 2분간 볶아요.
5. 현미밥 위에 버섯볶음을 올리고 송송 썬 쪽파를 뿌립니다.

* 만가닥버섯 대신 팽이버섯으로 만들어도 좋아요.
* 액젓 대신 굴소스를 넣어도 맛있습니다.

구운 두부덮밥

"들기름에 지글지글 구운 두부는 정말 맛있어요. 쫄깃한 만가닥버섯과 함께 양념간장에 쓱쓱 비벼 먹으면 꿀맛이에요.
구운 김에 싸 먹으면 더 말할 필요 없어요."

재료

두부 150g
만가닥버섯 50g
밥 100g
쪽파 2~3대
후춧가루 조금
들기름 1큰술

양념장

간장 1큰술
참기름 1/2큰술
통깨 조금

1. 두부는 1.5cm 크기의 정사각형으로 깍둑썰기한 후 키친타월에 올려 물기를 제거해 주세요.
2. 팬에 들기름을 두르고 중약불에 두부를 모든 면이 노릇해지도록 2~4분간 구워요.
3. 두부가 다 익어갈 때쯤 한쪽에 만가닥버섯을 올리고 후춧가루를 뿌려서 구워요.
4. 쪽파는 송송 썰어주세요.
5. 분량의 재료를 섞어서 양념장을 만들어요.
6. 따뜻한 밥을 담고 가장자리를 따라 두부를 둥그렇게 올리고 가운데 볶은 버섯을 소복이 올려요.
7. 양념장을 뿌리고 쪽파를 올립니다.

* 버섯은 어떤 종류든 상관없어요.

당근 김밥

"부드럽고 달큰한 당근김밥은 저탄수화물 레시피로 밥을 빼고 만들어도 좋아요. 연겨자와 간장을 섞어 콕 찍어 먹으면 행복해지는 맛! 당근을 좋아하지 않아도 한번 도전해보세요. 저처럼 당근에 푹 빠질 거예요."

재료
당근 1/3개
달걀 2개
아보카도 1/2개
밥 100g
김밥김 1장
참기름 1/2큰술
깨소금 조금
소금 1꼬집
올리브오일 1큰술

소스
연겨자 조금
간장 조금

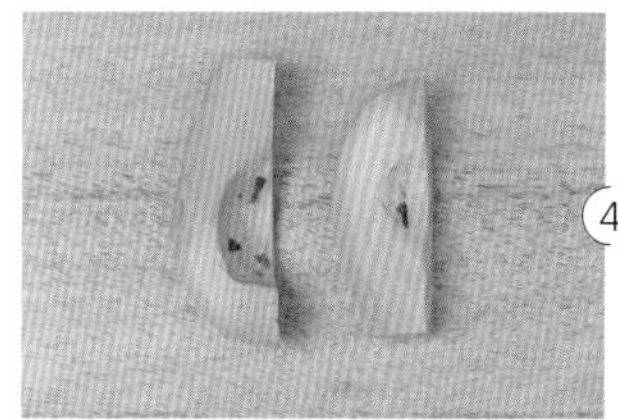

1. 당근은 껍질을 벗기고 0.3cm 두께로 가늘게 채 썰어요. 채칼을 이용하면 편하고 고르게 당근채를 만들 수 있어요.
2. 팬에 올리브오일 1큰술을 두르고 당근에 소금 1꼬집을 뿌려 중불에 1~2분간 볶아요.
3. 약불에 달걀말이를 만들고 김발로 감싸 식힙니다.(원통형으로 만들면 보기 좋아요.)
4. 아보카도는 씨를 제거하고 2cm 두께로 썰어요.
5. 밥에 참기름과 깨소금을 넣고 골고루 섞은 후 김밥김에 얇게 펼쳐요.
6. 볶은 당근과 달걀말이, 아보카도를 올리고 잘 말아서 끝부분에 물을 살짝 발라 고정합니다.
7. 김밥에 참기름을 얇게 바르고 도톰하게 썰어 소스에 찍어 먹어요.

* 달걀은 얇게 부쳐 채를 썰어 넣어도 좋아요.
* 아보카도는 3~5일 정도 후숙하는데, 검은빛이 돌고 꼭지를 눌렀을 때 묵직하게 들어갈 정도가 좋아요.

닭가슴살 상추쌈밥

“보기에 좋은 것이 먹기도 좋다. 예쁜 꽃이 핀 것 같은 상추쌈밥이에요. 도시락, 이벤트 메뉴로도 추천합니다.”

재료

닭가슴살 1덩이(100g)
청상추 10장
깻잎 10장
밥 150g
대파 한 뼘
올리브오일 1큰술
후춧가루 조금
굴소스 1/3큰술
고춧가루 1/3큰술
참기름 1작은술
검은깨 조금

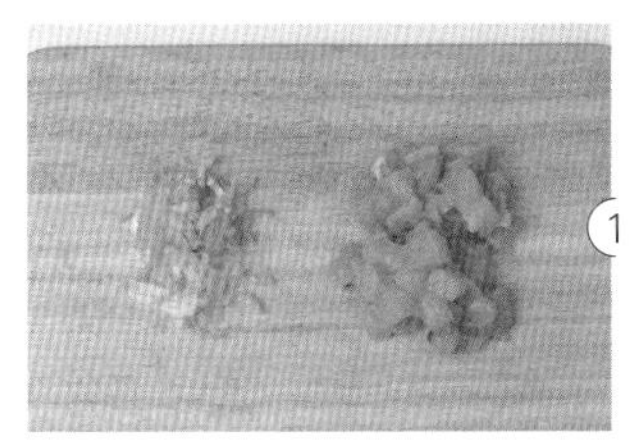

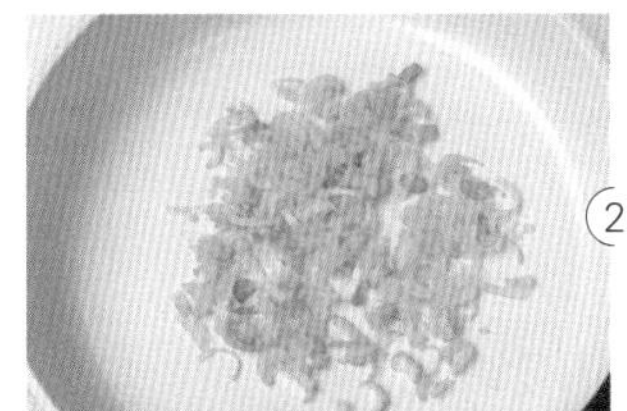

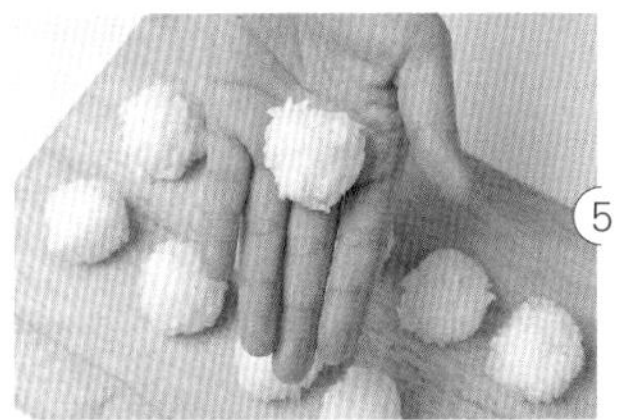

1. 닭가슴살은 1cm 두께로 깍둑썰기하고, 대파는 반으로 갈라 얇게 송송 썰어요.
2. 팬에 올리브오일을 두르고 송송 썬 대파를 약불에 30초간 볶아요.
3. 깍둑썰기한 닭가슴살과 후춧가루를 넣고 2~3분간 볶아요.
4. 굴소스를 넣고 1분 정도 볶다가 고춧가루를 넣고 센 불로 올려 수분을 날리듯 30초간 저어가며 볶은 후 불을 끄고 참기름을 섞어요.
5. 밥은 한입 크기로 동그랗게 뭉쳐서 10개를 만들어요.
6. 깨끗하게 씻은 깻잎 1장에 상추 1장을 올리고 가로세로 두 번 반달(고깔) 모양으로 접어요.
7. 고깔 속에 뭉친 밥을 1개씩 넣고 깊이가 있는 그릇에 차곡차곡 담은 후 볶은 닭가슴살을 올리고 검은깨를 뿌립니다.

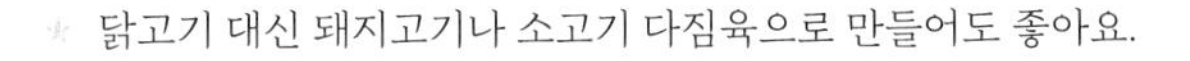

소고기오이 소보로덮밥

"3가지 색깔이 돋보이는 소보로 덮밥은 오이와 소고기, 달걀이 너무 잘 어우러지는 한그릇 요리예요.
바삭하게 구운 김에 싸서 먹어도 좋고 저칼로리 마요네즈를 조금 넣어 비벼 먹어도 꿀맛이에요."

재료

소고기 다짐육 100g
달걀 2개
오이 1/2개
밥 100g
쪽파 조금

소고기 양념

간장 1/2큰술
올리고당 1/3큰술
다진 마늘 1작은술
참기름 1작은술
후춧가루 조금

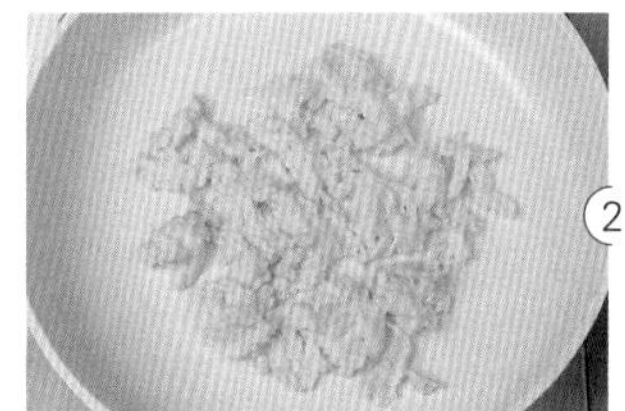

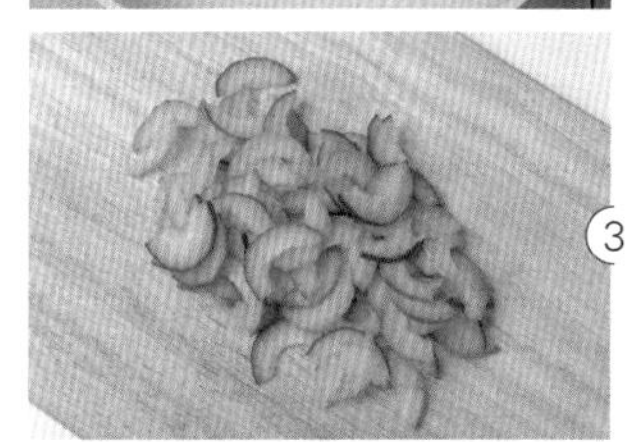

1. 소고기 다짐육에 분량의 양념 재료를 넣고 조물조물 버무려 10분간 재워 두세요.
2. 달걀을 풀어서 팬에 붓고 약불에 젓가락으로 저어가며 스크램블드에그를 만듭니다.
3. 오이는 길게 반으로 갈아 티스푼으로 씨를 긁어낸 후 0.2cm 두께로 얇게 반달썰기를 합니다.
4. 양념한 소고기를 약불에 2분간 볶다가 센 불로 올려 30초간 수분을 날립니다.
5. 쪽파는 송송 썰어요.
6. 밥 주위에 스크램블드에그, 볶은 소고기, 반달썰기한 오이를 올리고 밥 위에 송송 썬 쪽파를 소복이 올립니다.

* 오이씨는 제거하지 않고 그대로 사용해도 됩니다.
* 오이 대신 청경채, 시금치, 애호박, 어린잎채소를 올려도 좋아요.

일본식 닭안심덮밥

"일본어 '오야코'는 부모와 자식이란 뜻으로 닭고기와 달걀을 함께 먹는 한그릇 요리입니다.
닭가슴살 못지않게 단백질이 가득하고 부드러운 닭안심. 퍽퍽한 닭가슴살을 좋아하지 않는 분들도 맛나게 먹을 수 있답니다."

재료
닭안심 100g(3~4덩이)
달걀 1개
밥 100g
양파 1/3개
쪽파 조금
맛술 1큰술
후춧가루 조금

양념장
물 100ml
간장 1큰술
쯔유 1큰술
올리고당 1큰술

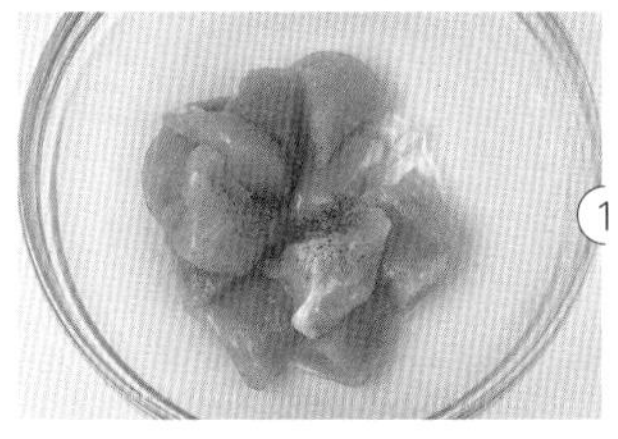

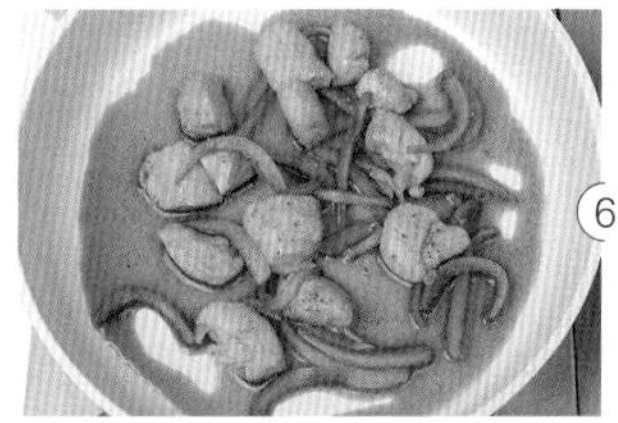

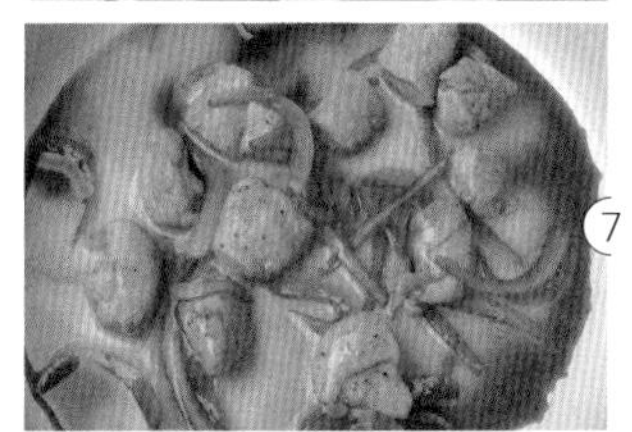

1. 닭안심은 5~6조각으로 잘라 후춧가루와 맛술을 버무려 10분간 재워둡니다.
2. 볼에 분량의 재료를 잘 섞어 양념장을 만듭니다.
3. 양파는 0.5cm 두께로 채 썰고, 쪽파는 송송 썰어요.
4. 달걀도 흰자와 노른자를 골고루 섞어 풀어줍니다.
5. 팬에 기름을 두르지 않고 중약불에 재워둔 닭안심을 겉면만 살짝 익혀요.
6. 양념장과 채 썬 양파를 넣고 중불에 2~3분간 양파가 투명해질 정도로 바글바글 끓여요.
7. 풀어둔 달걀을 넣고 뚜껑을 덮어 취향대로 달걀을 익힙니다.
8. 7을 젓지 않고 밥 위에 모양 그대로 붓고 송송 썬 쪽파를 올립니다.

- ☆ 완조리 닭가슴살을 사용해도 됩니다.
- ☆ 쯔유가 없다면 간장 양을 더 늘려주세요.
- ☆ 쪽파 대신 대파를 송송 썰어서 올려도 됩니다.

다이어트
고깃집볶음밥

“다이어트 중에는 아무래도 먹기가 망설여지는 삼겹살! 사실 고기도 좋지만 마지막에 볶음밥이 더 맛있습니다.
밥이 적은 대신 콩나물과 양배추로 채우면 볶음밥의 맛을 그대로 살릴 수 있답니다.”

재료

대패삼겹살 100g
대파 1/2대(얇은 것은 1대)
밥 100g
잘게 썬 김치 1/2컵
콩나물 50g(1줌)
양배추 2장
달걀 2개
김가루(선택)
간장 1큰술
고춧가루 1작은술

1. 대파는 0.5cm 두께로 어슷썰기하고, 김치는 1cm 두께로 굵게 썰어요.
2. 콩나물은 씻어서 체에 받쳐 물기를 빼고, 양배추는 김치와 같은 크기로 썰어요.
3. 팬에 대패삼겹살을 구워요.
4. 굵게 썬 김치, 양배추, 어슷 썬 대파를 넣고 중약불에 2~3분간 볶아요.
5. 콩나물을 넣고 가위로 듬성듬성 잘라요.
6. 밥과 간장, 고춧가루를 넣고 중불에 골고루 섞어가면서 볶아요.
7. 그릇에 달걀을 따로 풀어주세요.
8. 팬 한가운데 볶음밥을 소복이 모으고 취향에 따라 김가루를 뿌려요.
9. 풀어둔 달걀을 볶음밥 주변으로 둥글게 둘러 약불에 서서히 익힙니다.

닭가슴살 팽이버섯마요

"밥 반 공기로 든든하게 배를 채울 수 있는 메뉴! 치킨마요 맛은 그대로 살리고 닭가슴살로 대체했어요. 탄수화물인 밥 대신 팽이버섯의 양을 늘려서 칼로리는 줄였답니다."

재료

닭가슴살 100g(1덩이)
현미밥 100g
양파 1/2개
팽이버섯 1/2봉지
달걀 2개
후춧가루 조금
올리브오일 1작은술
저칼로리 마요네즈 1큰술
쪽파 조금
김가루(선택)

양념장

간장 2큰술
물 5큰술
올리고당 1큰술
다진 파 1큰술

1. 닭가슴살은 1cm 두께로 깍둑썰기해서 후춧가루를 뿌려 밑간합니다.
2. 양파는 0.3cm 두께로 가늘게 채 썰고, 팽이버섯은 밑동을 잘라내고 손가락 길이로 썰어서 붙어 있는 가닥을 떼어주세요.
3. 그릇에 달걀을 풀어서 팬에 붓고 젓가락으로 저어가며 스크램블드에그를 만듭니다.
4. 팬에 올리브오일을 두르고 밑간한 닭가슴살, 채 썬 양파를 중불에 2~3분 볶아요.
5. 팽이버섯과 양념장을 넣고 약불에 2분간 조립니다.
6. 양념에 조린 닭가슴살을 현미밥 위에 올리고 가장자리에 스크램블드에그를 올립니다.
7. 저칼로리 마요네즈를 지그재그로 올리고 송송 썬 쪽파, 김가루를 뿌립니다.

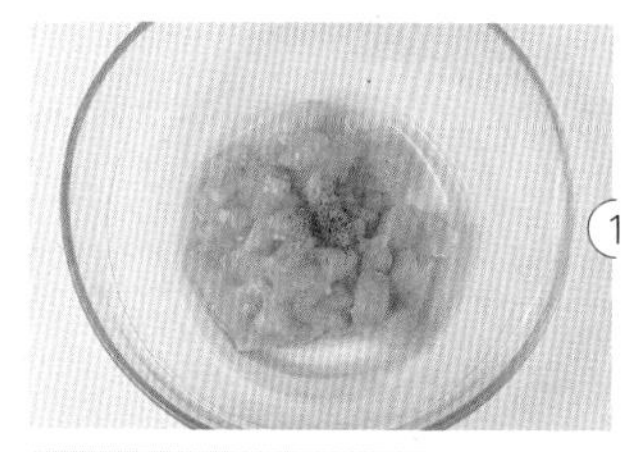
1

2

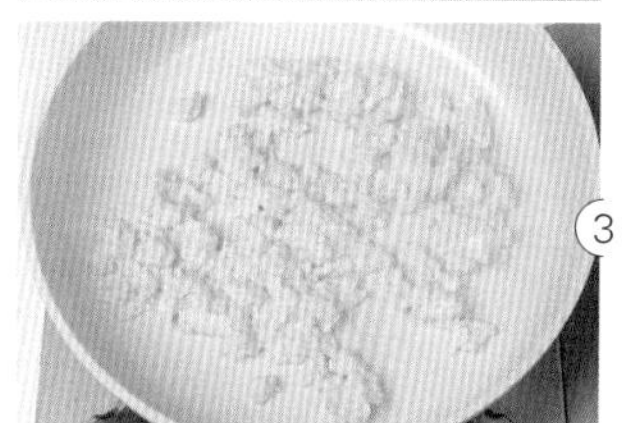
3

5

7

- 완조리 닭가슴살을 사용하면 편리합니다.
- 다진 청양고추를 넣고 비벼 먹으면 별미예요.
- 팽이버섯 대신 양배추를 넣어도 좋아요.

게맛살숙주 볶음밥

"숙주는 포만감을 주면서 칼로리 섭취는 줄일 수 있는 다이어트 식재료입니다. 볶음밥에 듬뿍 넣으면 아삭한 식감과 함께 식이섬유도 챙길 수 있어요. 게맛살과 파인애플을 넣어 이국적인 맛을 느낄 수 있는 초간단볶음밥이에요."

재료

게맛살 70g
숙주 100g
밥 150g
달걀 1개
대파 한 뼘
파인애플 50g
올리브오일 2큰술
피시소스 1큰술
후춧가루 조금

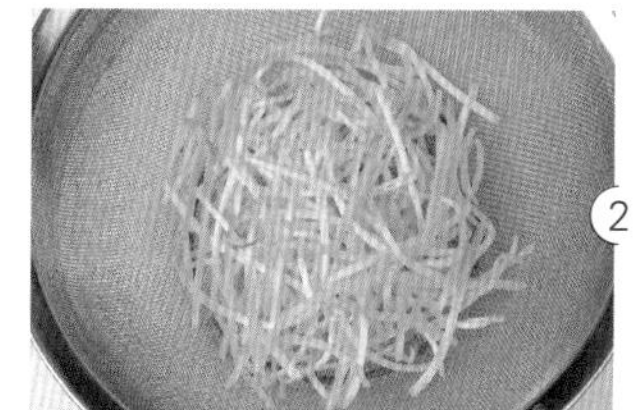

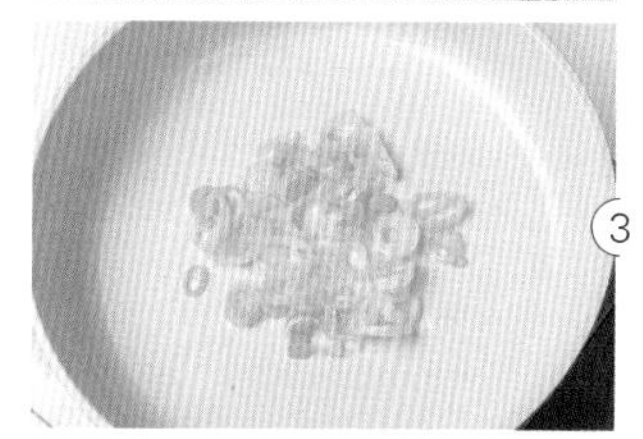

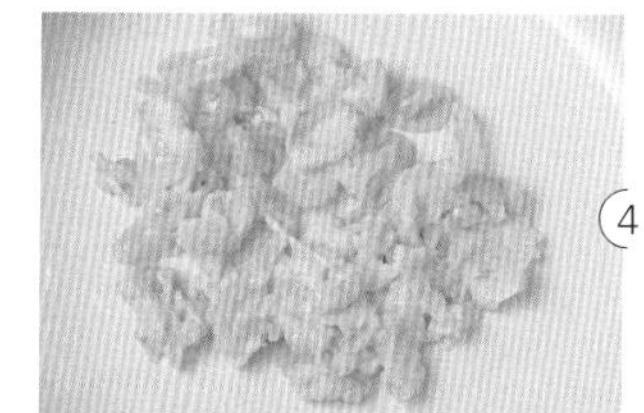

1. 게맛살은 결대로 쭉쭉 찢고, 파인애플은 한입 크기로 썰고, 대파는 0.2cm 두께로 송송 썰어요.
2. 숙주는 씻어서 체에 받쳐 물기를 빼둡니다.
3. 팬에 올리브오일을 두르고 송송 썬 대파를 30초 정도 볶아 파기름을 만듭니다.
4. 그릇에 달걀을 풀어서 3에 붓고 스크램블드에그를 만듭니다.
5. 밥과 파인애플, 게맛살, 피시소스를 넣고 중불에 골고루 섞어가면서 볶아요.
6. 숙주를 넣고 후춧가루를 뿌린 후 센 불에 20초만 볶습니다.

☆ 숙주는 오래 볶으면 물기가 많이 생기니 고슬고슬한 볶음밥을 위해 덜 익었다 싶을 때 불을 꺼주세요.

☆ 피시소스 대신 까나리액젓이나 멸치액젓을 사용해도 됩니다.

팽이버섯 김치볶음밥

“김치볶음밥은 언제 먹어도 맛있어요. 푹 익은 김치만 있으면 특별한 기술이나 재료 없이도 맛있는 볶음밥을 만들 수 있답니다. 밥은 줄이고 팽이버섯으로 포만감을 채운 김치볶음밥은 도시락 메뉴로도 추천합니다.”

재료

팽이버섯 1봉지
밥 100g
익은 김치 1/2컵(종이컵 계량)
달걀 1개
굴소스 1/2큰술
고춧가루 1/2큰술
올리브오일 조금
참기름 조금
통깨 조금
김가루(선택)

1. 익은 김치는 가로세로 1cm 크기로 큼직하게 썰어요.
2. 팽이버섯은 밑동을 잘라내고 1cm 길이로 썰어요.
3. 팬에 올리브오일을 두르고 김치를 1~2분간 볶아요.
4. 팽이버섯과 고춧가루, 굴소스를 넣고 1분간 더 볶아요.
5. 밥을 넣고 골고루 섞어주세요.
6. 불을 끄고 참기름을 둘러서 한 번 더 섞어주세요.
7. 달걀 프라이를 취향대로(반숙 또는 완숙) 만듭니다.
8. 볶음밥을 그릇에 담고 달걀 프라이를 올린 다음 통깨와 김가루를 뿌립니다.

1

2

3

4

5

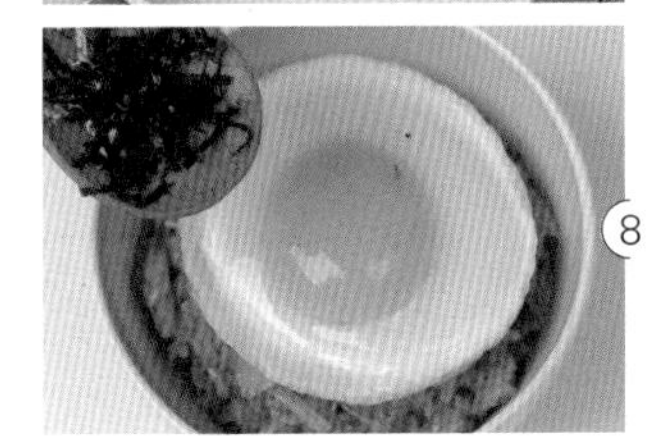
8

- 고춧가루는 팽이버섯의 수분을 잡아주고 색을 선명하게 만듭니다.
- 참기름 대신 들기름을 넣어도 좋아요.
- 생김치는 맛이 덜하니 익은 김치를 사용하고, 너무 쉬어서 군내 나는 김치는 올리고당 1/2큰술을 넣어서 만들어보세요.

오징어 간장볶음밥

"오징어는 단백질 함량이 높고 칼로리가 낮아 닭가슴살이 질린다 싶을 때 좋아요. 볶음밥에 잘게 썰어 넣으면 쫀득쫀득 씹는 식감을 느낄 수 있어요. 식어도 맛있어서 도시락으로도 좋답니다."

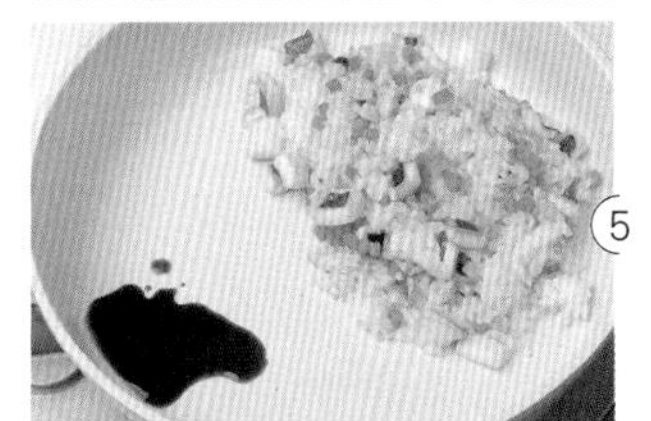

재료

손질 오징어 1/2마리
양파 1/4개
당근 1/5개
밥 100g
간장 1큰술
참기름 1큰술
올리브오일 1큰술
후춧가루 조금
통깨 조금

1. 손질 오징어는 가로세로 1cm 크기로 썰어줍니다.
2. 양파와 당근은 0.5cm 크기로 잘게 다져요.
3. 팬에 올리브오일을 두르고 오징어, 다진 당근, 양파를 넣고 양파가 투명해질 때까지 중불에 2분 정도 볶아요.
4. 밥을 넣고 잘 섞어가면서 볶아줍니다.
5. 볶음밥을 한쪽으로 밀어두고 팬 한쪽에 간장을 부어줍니다.
6. 간장이 파르르 끓으면 밥과 함께 섞어요.
7. 불을 끄고 참기름과 통깨를 뿌립니다.
8. 오목한 그릇에 볶음밥을 꾹꾹 눌러 담아 접시에 엎어서 모양을 냅니다.

- 쪽파 4~5대를 송송 썰어 넣으면 보기에도 좋고 맛도 좋아요.
- 홍합살, 새우 등 해물믹스가 있다면 활용해보세요.

아보카도 낫토비빔밥

"호불호가 있는 낫토이지만 쿰쿰하면서도 구수한 맛에 한번 맛들이면 자꾸 생각납니다.
달걀 프라이 말고는 불을 쓰지 않는 요리라 누구나 쉽게 만들 수 있어요."

재료

아보카도 1/2개
낫토 1팩
어린잎채소 30g(1줌)
다진 김치 1큰술
현미밥 150g
달걀 1개
김가루 조금
참기름 1큰술

1. 후숙한 아보카도는 반으로 갈라 씨를 제거하고 0.5cm 두께로 길게 썰어요.
2. 낫토는 젓가락을 한쪽 방향으로 30회 이상 저어줍니다. 동봉된 소스는 기호에 맞게 넣거나 생략합니다.
3. 어린잎채소는 깨끗이 씻어서 채소 탈수기나 키친타월로 물기를 완전히 제거합니다.
4. 김치는 국물을 짜내고 잘게 다집니다.
5. 다진 김치에 참기름을 넣고 버무려요.
6. 달걀 프라이를 취향대로(반숙 또는 완숙) 만듭니다.
7. 그릇 한가운데 밥을 담고 달걀 프라이를 올려요.
8. 밥 주위에 아보카도, 낫토, 어린잎채소, 다진 김치를 두르고 달걀 프라이 위에 김가루를 올립니다.

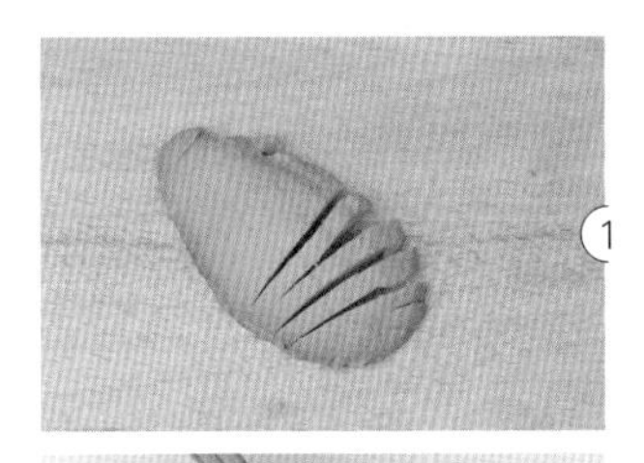
1

2

3

5

7

8

- 아보카도는 3~5일 정도 후숙하는데, 검은빛이 돌고 꼭지를 눌렀을 때 묵직하게 들어갈 정도가 좋아요.
- 생김치보다 푹 익은 김치로 만들어야 맛있어요.
- 낫토에 간장과 겨자를 넣을 경우 김치 양을 줄여주세요.

면 요리

- 곤약면콩나물비빔국수 • 순두부컵누들 • 두부면두유파스타 • 닭가슴살곤약짜장면 • 매콤두부면 볶음
- 곤약면초계국수 • 두유두부콩국수 • 매운오징어볶음곤약면 • 곤약면비빔당면

곤약면콩나물 비빔국수

"날씨가 더워지면 아삭한 열무김치를 올린 비빔국수가 생각나요.
밀가루 소면 대신 곤약면으로 칼로리는 줄이고 아삭한 콩나물로 식감까지 챙겼어요!"

재료

콩나물 100g
실곤약 200g(1봉지)
달걀 1개
오이 1/3개
당근 1/5개
깻잎 3장
통깨 조금
물 1컵

양념장

고추장 2/3큰술
고춧가루 1작은술
식초 1큰술
올리고당 1큰술
참기름 1/2큰술

1 냄비에 콩나물과 물 1컵을 같이 넣고 끓은 뒤부터 1분간 삶아주세요.

2 삶은 콩나물을 찬물로 헹군 다음 체에 받쳐 물기를 최대한 빼줍니다.

3 실곤약은 끓는 물에 10초간 데친 후 찬물로 헹군 다음 콩나물과 함께 체에 받쳐둡니다.

4 달걀은 끓는 물에 식초를 1방울 넣고 취향대로(반숙 7분, 완숙 10분) 삶아줍니다.

5 오이와 당근, 깻잎은 0.3mm 두께로 가늘게 채 썰어주세요.

6 큰 그릇에 데친 콩나물과 실곤약을 담고 분량의 재료로 만든 양념장을 잘 버무립니다.

7 6을 그릇에 담고 채 썬 당근, 오이, 깻잎, 삶은 달걀을 올린 후 통깨를 뿌립니다.

★ 콩나물은 처음부터 뚜껑을 열거나 또는 닫은 상태를 계속 유지해야 비린내가 나지 않아요.

★ 달걀을 삶을 때 식초를 1큰술 넣으면 껍질이 잘 벗겨져요.

★ 달걀을 냉장고에서 꺼내자마자 바로 삶으면 온도 차로 터지기 쉬우니 미리 실온에 꺼내놓는 것이 좋아요.

순두부 컵누들

“다이어트하는 동안 가장 먹고 싶은 음식 중에 하나가 바로 라면! 칼로리가 적은 컵누들에 단백질과 포만감을 줄 순두부와 새우를 추가했어요. 먹고 싶은 음식을 무조건 참지 않고 부담 없이 먹을 수 있는 방법으로 요리해보세요.”

재료

순두부 1/2봉지
컵누들 매콤한 맛 1개
알배추 2장
냉동새우 5마리
팽이버섯 1/3봉
고춧가루 1삭은술
쪽파 조금

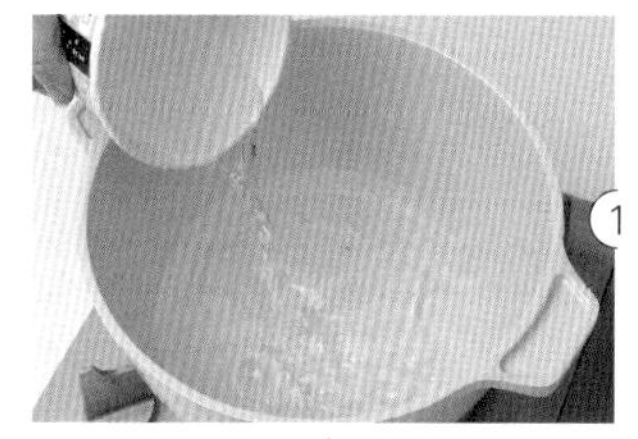

1 컵누들 안쪽에 표시된 눈금보다 1cm 더 많이 물을 받아 냄비에 붓고 끓입니다.

2 알배추는 3cm 한입 크기로 썰고, 냉동새우는 흐르는 물에 씻어요.

3 물이 끓으면 분말스프와 고춧가루, 면, 손질한 알배추와 냉동새우를 넣고 끓입니다.

4 순두부를 넣고 숟가락으로 큼직하게 3등분합니다.

5 한 번 끓으면 밑동을 자른 팽이버섯과 송송 썬 쪽파를 올려요.

★ 모자란 간은 소금으로 맞추고 후춧가루를 뿌리면 더 맛있어요.

★ 냉동새우를 뜨거운 물로 해동하면 비린내가 날 수 있어요. 하루 전에 냉장실로 옮기거나 찬물에 담가 해동하세요.

두부면두유 파스타

"버섯 중에 단백질이 가장 많은 양송이버섯은 그냥 구워 먹어도 맛있고 두부면 파스타에도 찰떡으로 잘 어울려요. 꾸덕한 크림 파스타가 먹고 싶을 때 만들어보세요."

재료

두부면 100g(1팩)
두유 200ml
슬라이스 치즈 1장
냉동새우 5마리
양송이버섯 3~5개
양파 1/2개
물 50ml
후춧가루 조금
소금 1꼬집
올리브오일 조금

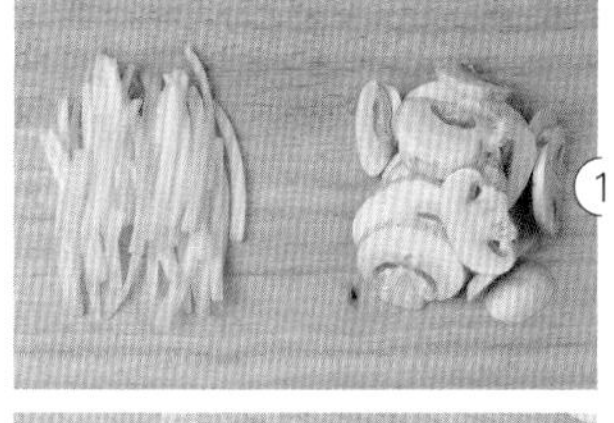

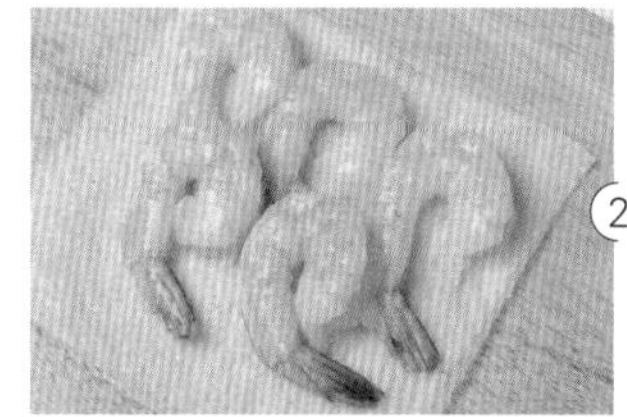

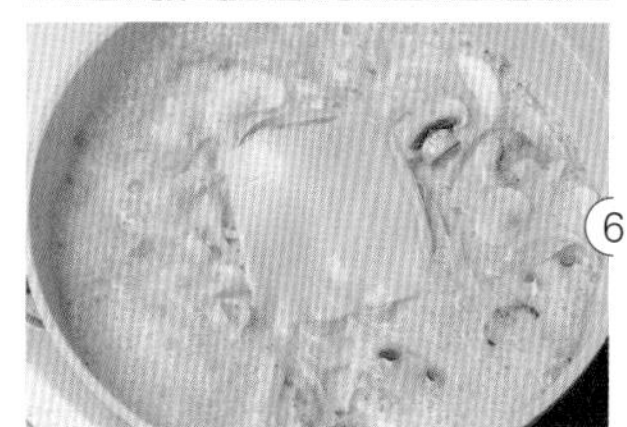

1. 양송이버섯은 1cm 두께로 편 썰고, 양파는 0.5cm 두께로 채 썰어요.
2. 냉동새우는 찬물에 담가 해동하고 껍질을 벗깁니다.
3. 두부면은 함께 들어 있는 물을 따라 버리고 찬물로 헹궈 체에 받쳐두세요.
4. 팬에 올리브오일을 두르고 새우, 채 썬 양파, 후춧가루를 넣고 중불에 양파가 투명하게 익을 때까지 2분 정도 볶아요.
5. 두유와 두부면, 편 썬 양송이버섯을 넣고 끓여요.
6. 슬라이스 치즈를 올리고 중강불에 2분 정도 더 졸여 꾸덕꾸덕해지면 모자란 간을 소금으로 맞춥니다.

★ 새우는 닭가슴살이나 오징어로 대체해도 좋아요.
★ 무가당 두유를 추천합니다.
★ 두유 대신 우유를 넣어도 좋아요.
★ 매운맛을 좋아한다면 5번 과정에서 청양고추 1개를 송송 썰어 넣으세요.

닭가슴살곤약
짜장면

“밀가루면 대신 칼로리를 확 줄인 곤약짜장면입니다. 같은 소스를 밥 위에 올려 먹어도 좋아요.
그동안 다이어트 때문에 먹고 싶은 짜장면을 참았다면 오늘 당장 만들어보세요.”

재료

닭가슴살 50g(1/2덩이)
실곤약 200g(1봉지)
양파 1/2개
애호박 1/5개
양배추 2/3컵(깍둑썰기 분량)
대파 1/2대
오이 조금
짜장 가루 2큰술
물 150ml
올리브오일 2큰술
후춧가루 조금
달걀 1개

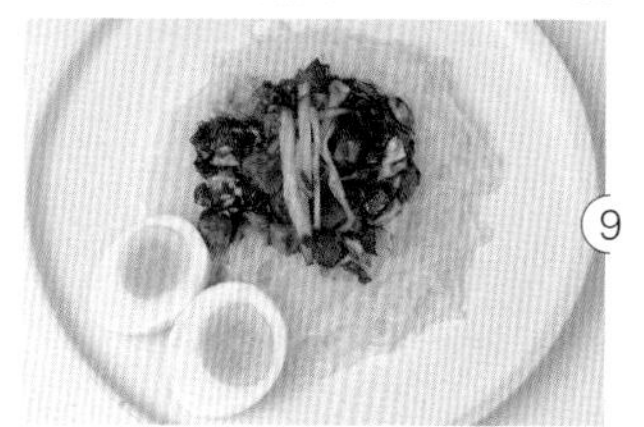

1. 닭가슴살은 1cm 크기로 깍둑썰기합니다.
2. 양파, 애호박, 양배추도 같은 크기로 깍둑썰기합니다.
3. 대파는 반으로 갈라 잘게 다지고, 오이는 0.5cm 두께로 어슷썰기한 후 채 썰어요.
4. 팬에 올리브오일을 두르고 깍둑썰기한 닭가슴살, 양파, 후춧가루를 넣고 약불에 2분간 볶아요.
5. 닭고기 겉면이 익으면 깍둑썰기한 애호박, 양배추, 다진 대파를 넣고 중불에 2분간 볶아요.
6. 5에 물과 짜장 가루를 넣고 뭉치지 않도록 잘 저어가며 걸쭉하게 4~5분간 끓여 짜장소스를 만들어요.
7. 곤약면은 끓는 물에 10초간 데친 후 체에 받쳐 물기를 제거합니다.
8. 달걀은 취향대로 삶아(반숙 7분, 완숙 10분) 반으로 자릅니다.
9. 그릇에 곤약면을 담고 짜장소스를 부은 다음 채 썬 오이, 삶은 달걀을 올립니다.

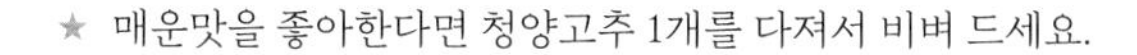

★ 매운맛을 좋아한다면 청양고추 1개를 다져서 비벼 드세요.

매콤두부면 볶음

"매콤한 음식이 생각날 때 만들어보세요. 쫄깃쫄깃한 식감의 두부면을 매콤한 소스에 볶아 감칠맛까지 챙겼답니다.
원팬 요리로 간편하게 만들어 먹는 두부면볶음이에요."

재료

두부면 100g(1팩)
빨강 파프리카 1/4개
노랑 파프리카 1/4개
양파 1/4개
느타리버섯 50g
청경채 1송이
대파 1/2대
청양고추 1개(선택)

소스

간장 1큰술
굴소스 1/2큰술
고춧가루 1/2큰술(선택)
다진 마늘 1/2큰술
올리브오일 1큰술
생수 2큰술
후춧가루 조금
참기름 1큰술

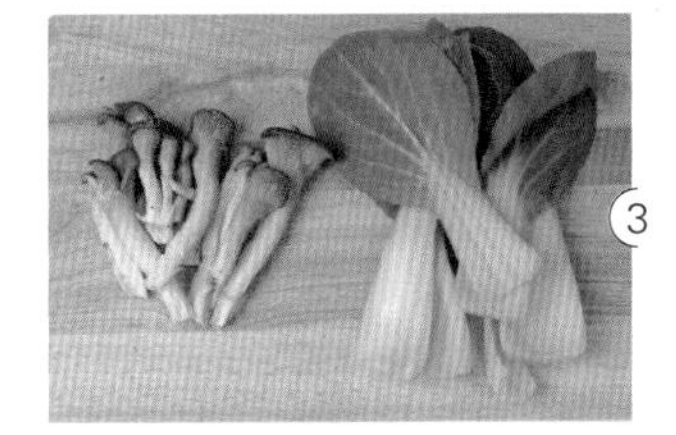

1. 참기름을 제외한 모든 소스 재료를 그릇에 넣고 섞어요.
2. 빨강·노랑 파프리카와 양파는 0.5cm 두께로 채 썰고, 대파와 청양고추(선택)는 송송 썰어요.
3. 느타리버섯은 밑동을 잘라낸 다음 하나씩 찢고, 청경채는 한 장씩 떼어냅니다.
4. 두부면은 함께 들어 있는 물을 따라 버리고 체에 받쳐둡니다.
5. 팬에 소스를 붓고 두부면과 채 썬 양파를 넣어 중불에 2분 정도 볶아요.
6. 채 썬 파프리카, 느타리버섯, 청경채, 송송 썬 대파를 넣고 센 불에 30초만 볶아줍니다.
7. 불을 끄고 참기름을 둘러서 골고루 섞어주세요.

★ 두부면은 넓은 면이나 얇은 면 어느 것이나 좋아요.
★ 청양고추와 고춧가루는 선택입니다.
★ 채소는 센 불에 살짝만 볶아야 아삭하고 물기가 생기지 않아요.

곤약면 초계국수

"여름이면 생각나는 시원한 초계국수를 초간단 레시피로 만들어보세요. 아삭한 오이와 달달한 배를 고명으로 올려 심심하게 느껴질 수 있는 곤약면도 충분히 맛있게 즐길 수 있답니다."

재료

냉면육수 1봉(시판용)
실곤약 200g(1봉지)
닭가슴살 1덩이(100g, 완조리)
배 1/5개
오이 1/3개
달걀 1개
연겨자 1/3작은술
식초 1/2큰술
검은깨 조금

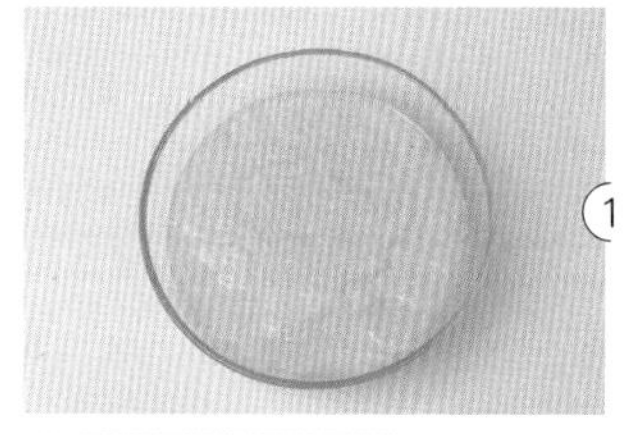

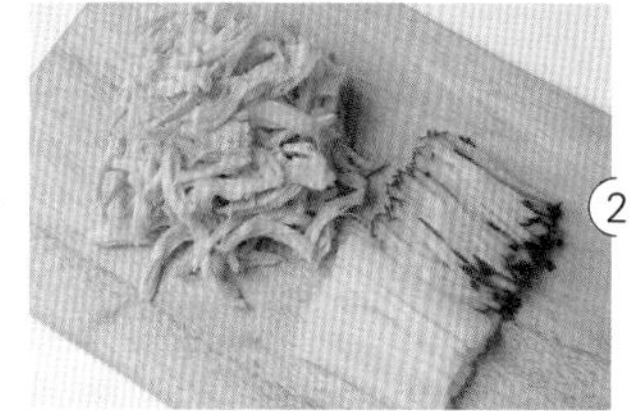

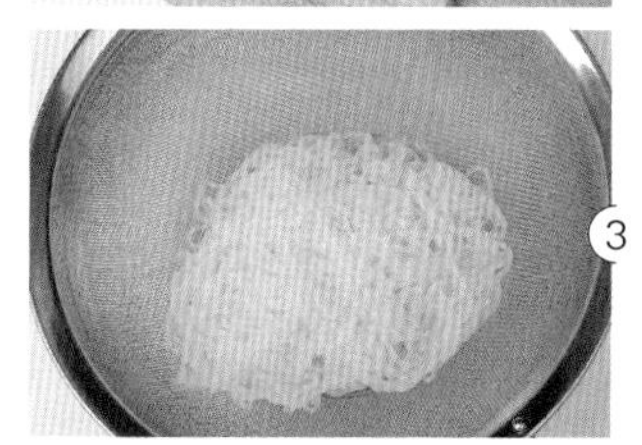

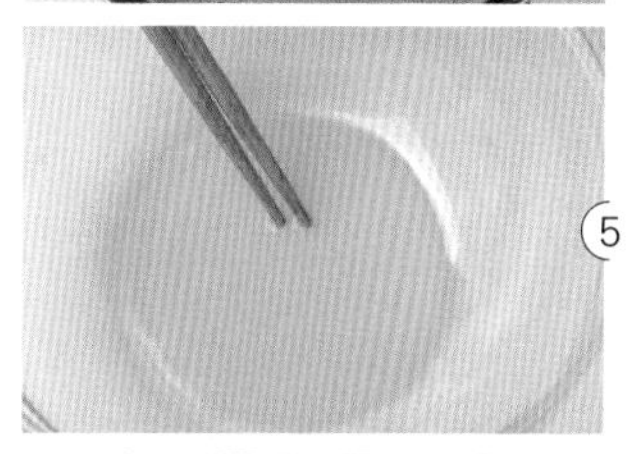

1. 냉면육수는 1시간 전에 냉동실에 넣어둡니다.
2. 오이와 배는 0.3cm 두께로 채 썰고, 닭가슴살은 결대로 찢어요.
3. 실곤약은 함께 들어 있는 물은 따라 버리고 끓는 물에 10초간 데친 후 찬물에 헹궈 체에 받쳐둡니다.
4. 달걀은 끓는 물에 식초 1방울을 넣고 취향대로(반숙 7분, 완숙 10분) 삶아요.
5. 그릇에 식초와 연겨자를 섞어서 잘 풀어줍니다.
6. 5에 실곤약을 넣고 얼린 육수를 부은 다음 찢은 닭가슴살, 채 썬 오이와 배를 올립니다.
7. 달걀은 반으로 잘라 올리고 검은깨를 뿌립니다.

★ 소스가 함께 들어 있거나 훈제 닭가슴살은 추천하지 않아요.
★ 곤약을 데치지 않고 그냥 먹어도 되지만 한 번 데치면 특유의 냄새가 없어집니다.
★ 미역국수나 라이트 누들로 만들어도 좋아요.

두유두부 콩국수

"더운 여름 콩국수 생각이 간절할 때가 있죠. 밀가루 소면 대신 라이트 누들로 가볍게 만들어보세요.
콩을 삶고 가는 번거로움 없이 두유와 두부만으로 콩국수 맛집이 된답니다."

재료

라이트 누들 150g(1봉지)
두유 1팩(200ml)
두부 100g
오이 1/4개
방울토마토 1개
얼음 6~7개
통깨 1/2큰술
소금 2꼬집
검은깨 조금

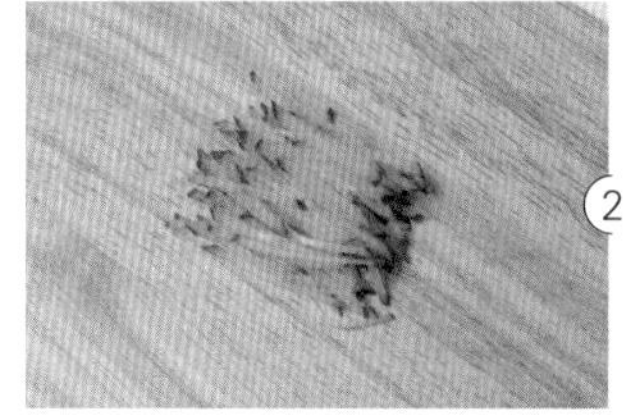

1. 라이트 누들은 함께 들어 있는 물을 따라 버리고 찬물에 한 번 헹궈 체에 받쳐둡니다.
2. 오이는 0.5cm 두께로 어슷썰기한 후 가늘게 채 썰어요.
3. 믹서에 두유, 얼음, 두부, 통깨, 소금을 넣고 곱게 갈아 콩국물을 만듭니다.
4. 그릇에 면을 담고 콩국물을 부어요.
5. 방울토마토와 채 썬 오이를 올려주세요.
6. 검은깨를 뿌립니다.

★ 삶은 달걀을 고명으로 올려도 좋아요.
★ 소금 양은 입맛에 따라 조절하세요.

매운오징어볶음 곤약면(2인분)

“다이어트 중에도 단백질은 꼭 섭취해야 한다는 이야기는 많이 들어봤을 거예요. 흔히 생각하는 닭가슴살 말고도 다양한 식재료로 단백질을 섭취할 수 있답니다. 사계절 언제나 살 수 있고 살짝 데쳐서 간단하게 먹기 좋은 오징어로 단백질을 챙겨보세요.”

재료

실곤약 1봉지
오징어 1마리
양파 1/4개
대파 1대
당근 2cm
양배추 1장
청양고추 1개
홍고추 1/2개
올리브오일 2큰술
참기름 1/2큰술
통깨 조금

양념장

굴소스 1/2큰술
고춧가루 1.5큰술
간장 1큰술
다진 마늘 1큰술
올리고당 1큰술
실탕 1작은술
후춧가루 조금

1. 오징어는 1×5cm 길이로 썰어요.(몸통 안쪽은 1cm 간격으로 양방향 사선 칼집을 넣으면 예쁜 모양이 나옵니다.)
2. 양파는 0.5cm 두께로 채 썰고, 대파도 0.5cm 두께로 어슷썰기해요.
3. 당근은 0.2cm 두께로 반달썰기, 청양고추와 홍고추는 0.2cm 두께로 최대한 얇게 어슷썰기, 양배추는 엄지손가락 크기로 큼직하게 썰어요.
4. 볼에 분량의 재료를 넣고 골고루 섞어 양념장을 만들어요.
5. 팬에 올리브오일을 두르고 어슷 썬 대파와 오징어를 센 불에 볶아요.
6. 오징어가 하얗게 익으면 채 썬 양파, 반달썰기한 당근, 어슷 썬 청양고추와 홍고추, 양배추, 양념장을 넣고 1분 정도 센 불에 볶아요.
7. 불을 끄고 참기름을 둘러서 골고루 섞어줍니다.
8. 실곤약은 끓는 물에 10초간 데친 후 체에 받쳐 물기를 뺍니다.
9. 접시에 실곤약과 오징어볶음을 올리고 통깨를 뿌립니다.

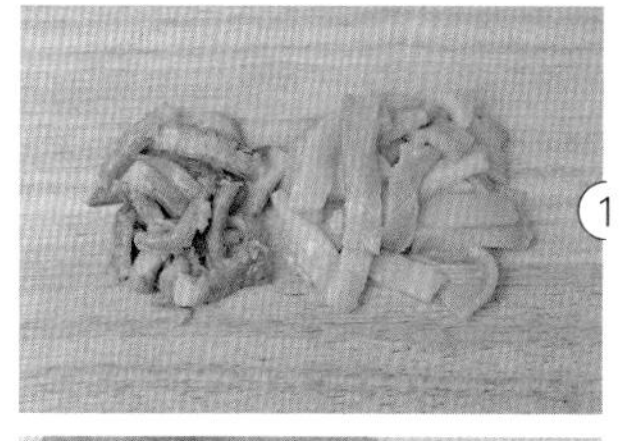

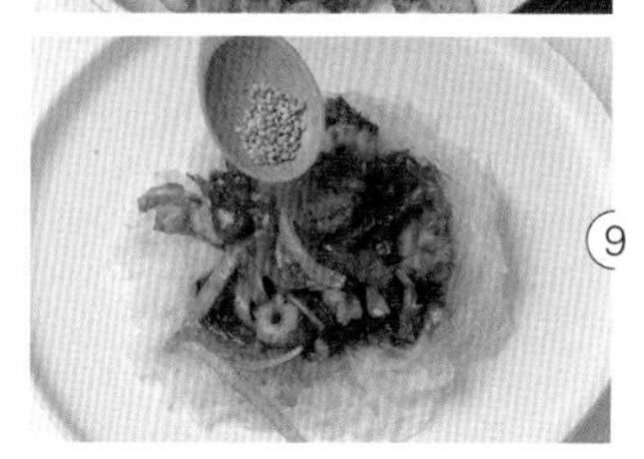

곤약면 비빔당면

"부산 여행에서 꼭 먹어봐야 할 따뜻한 비빔당면. 부산어묵과 단무지, 부추, 당근의 조합이 정말 좋아요.
부족할 수 있는 단백질은 달걀 지단으로 채웠어요."

재료

라이트 누들 150g(1봉지)
사각어묵 1장
달걀 1개
통단무지 3cm
부추 50g
당근 1/5개
올리브오일 조금
후춧가루 조금
통깨 조금

양념장

간장 2.5큰술
고춧가루 2/3큰술
다진 마늘 1/2큰술
참기름 1/2큰술
올리고당 1/2큰술

1. 사각어묵은 5cm 길이로 자른 후 0.5cm 두께로 채 썰어요.
2. 부추도 5cm 길이로 자르고, 당근과 통단무지도 부추와 비슷한 두께로 채 썰어요.
3. 달걀은 풀어서 얇게 부친 후 0.5cm 두께로 채 썰어요.
4. 볼에 분량의 재료를 골고루 섞어 양념장을 만들어요.
5. 팬에 올리브오일을 두르고 채 썬 당근을 30초간 볶은 후 접시에 덜어서 식혀주세요. 부추는 살짝 숨이 죽을 정도로 10초간 볶은 후 접시에 덜어서 식혀주세요.
6. 채 썬 어묵도 30초간 약불에 부드럽게 볶아요.
7. 라이트 누들은 끓는 물에 데치고 그대로 체에 받쳐 물기를 제거해주세요. 찬물로 헹구지 않아요.
8. 그릇에 데친 라이트 누들을 올리고 볶은 어묵, 부추, 채 썬 당근, 단무지, 달걀 지단을 올린 후 양념장과 후춧가루, 통깨를 뿌려요.

★ 부추는 시금치로 대체해도 됩니다.
★ 모든 재료는 볶지 않고 데쳐도 됩니다.

한그릇 요리

• 소고기채소말이구이 • 훈제오리쌈무말이 • 소고기채소찜 • 밥 없는 두부유부 초밥 • 시금치프리타타
• 밀푀유 나베 • 닭안심유린기 • 소고기숙주볶음 • 닭가슴살겨자냉채 • 양배추스테이크 & 새우마늘볶음
• 닭가슴살만둣국 • 알배추항정살찜 • 훈제오리쌈두부월남쌈 • 밥 없는 채소순두부카레 • 연어스테이크
• 오징어미나리말이 • 게맛살순두부달걀찜 • 날치알연어포케

소고기 채소말이구이

"보기 좋은 떡이 먹기도 좋다고 근사해 보이는 요리를 간단하게 만들 수 있어요.
모두에게 사랑받는 요리일 뿐 아니라 저탄수화물 식단으로 더할 나위 없어요."

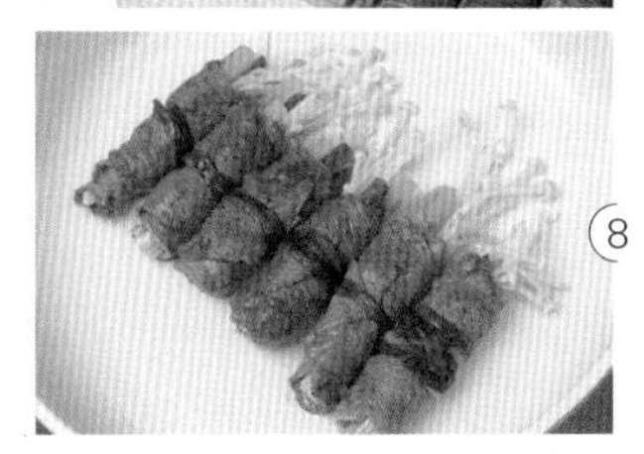

재료

육전용 부채살 150~200g
팽이버섯 1/2봉지
빨강 파프리카 1/3개
노랑 파프리카 1/3개
아스파라거스 5~6대
부추 조금
후춧가루 조금
소금 조금
통깨 조금
올리브오일 1큰술

소스

간장 1큰술
연겨자 0.5큰술
식초 1큰술
물 1큰술
다진 청양고추 조금
다진 마늘 조금

1. 육전용 부채살은 한 장씩 떼어내 소금과 후춧가루로 밑간을 하고 10분간 재워둡니다.
2. 팽이버섯은 밑동을 잘라내고, 빨강·노랑 파프리카는 반으로 갈라 씨를 제거하고 0.5cm 두께로 채 썰어요.
3. 아스파라거스는 단단한 밑동을 3cm 정도 잘라내고 아래쪽 질긴 부분(1/3)의 껍질을 감자칼로 벗겨낸 후 끓는 물에 소금 2꼬집을 넣고 20초간 데쳐요.
4. 부추는 10초간 데쳐서 찬물에 헹군 후 물기를 꼭 짜냅니다.
5. 아스파라거스는 파프리카와 비슷한 길이로 썰어요.
6. 소고기 한 장을 펼치고 아스파라거스, 채 썬 파프리카, 팽이버섯 순으로 올려서 단단히 말아줍니다.
7. 데친 부추로 6을 돌돌 감아 고정합니다.
8. 팬에 올리브오일을 두르고 소고기채소말이를 중불에 2~3분간 노릇하게 구워 통깨를 뿌립니다. 분량의 재료로 소스를 만들어 곁들입니다.

소고기는 샤브샤브용나 육전용 모두 좋아요.
부추 대신 쪽파로 감아도 됩니다. 쪽파 흰 부분은 다른 채소와 같은 길이로 썰어서 속에 넣어요.

훈제오리 쌈무말이

"단백질 가득한 훈제오리는 간편하게 구워 먹을 수 있어서 자주 찾는 식재료예요. 아삭한 쌈무에 오리고기와 파프리카, 무순을 돌돌 말면 일품요리 부럽지 않습니다. 온 가족이 즐길 수 있고 저탄수화물 식단으로 딱이에요."

재료

훈제오리 150g
쌈무 10장
빨강 파프리카 1/3개
노랑 파프리카 1/3개
양파 1/4개
깻잎 5장
무순 조금
부추 조금

소스

저칼로리 머스터드

1. 무순은 흐르는 물에 씻은 다음 키친타월에 올려 물기를 제거합니다.
2. 빨강·노랑 파프리카는 반으로 갈라 씨를 제거하고 0.5cm 두께로 채 썰어요.
3. 양파는 0.3cm 두께로 채 썰고 깻잎은 반으로 자릅니다.
4. 부추는 끓는 물에 10초간 데쳐서 찬물로 헹군 후 물기를 꼭 짜냅니다.
5. 훈제오리는 끓는 물에 10초간 데쳐서 체에 받쳐 물기를 빼면서 식힙니다.
6. 쌈무 1장에 깻잎, 데친 오리고기, 채 썬 파프리카, 양파, 무순을 차례로 올립니다.
7. 부추로 6을 돌돌 감고, 저칼로리 머스터드와 함께 냅니다.

1

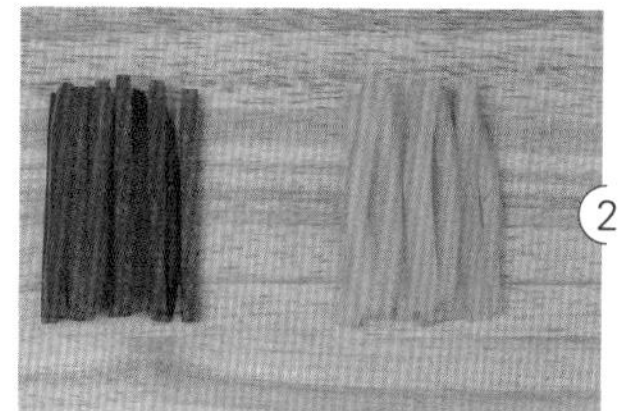
2

3

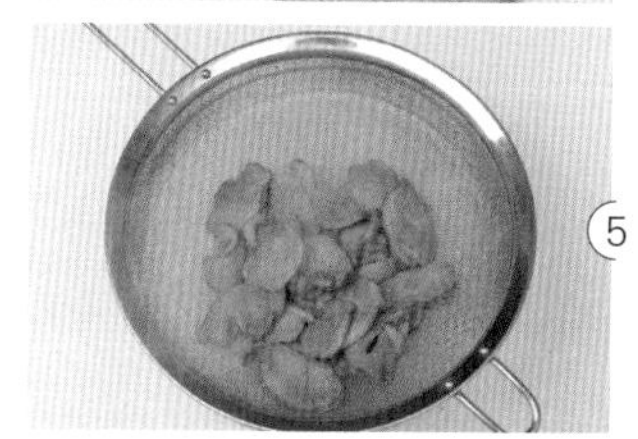
5

6

7

훈제오리 대신 닭가슴살을 넣어도 좋습니다.

소고기
채소찜

“따뜻하게 먹는 소고기채소찜은 보기에도 근사해서 손님상에 올리기에 손색없어요.
어떤 자리에서나 항상 인기 만점 메뉴랍니다.”

재료

샤브샤브용 소고기 200g
숙주 100g
청경채 2대
알배추 3장
팽이버섯 1/2봉지
애호박 1/4개
후춧가루 조금
소금 조금

소스

간장 1큰술
물 1큰술
식초 1작은술
연겨자 1/2작은술

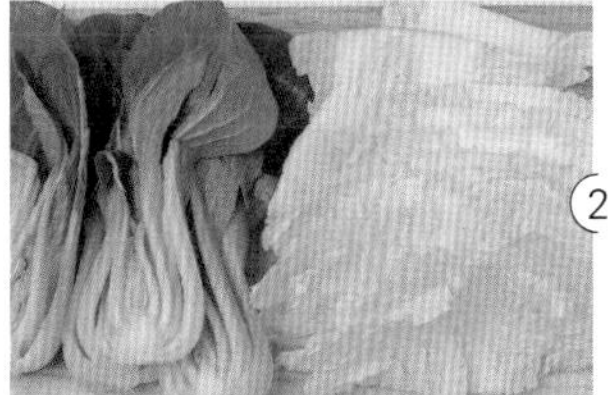

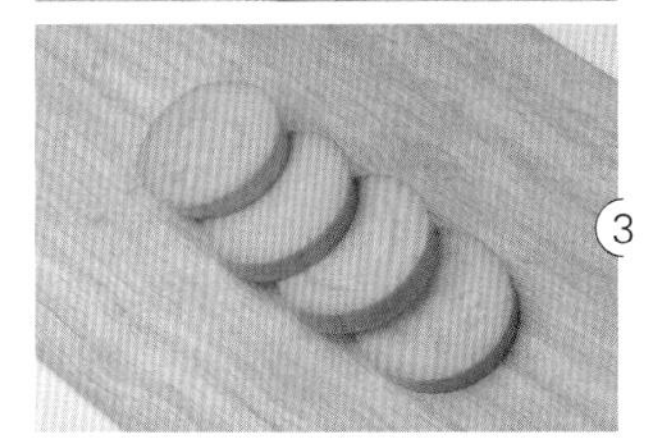

1. 샤브샤브용 소고기는 한 장씩 떼어 후춧가루와 소금으로 밑간을 하고 10분간 재워둡니다.
2. 깨끗하게 씻은 청경채는 반으로 자르고, 알배추는 5cm 길이로 썰어요.
3. 애호박은 1cm 두께로 통썰기를 합니다.
4. 팽이버섯은 밑동을 잘라내고 7~8가닥씩 한입 크기로 떼어냅니다.
5. 밑간한 소고기 1장을 펼치고 팽이버섯을 올려 돌돌 말아줍니다.
6. 찜기에 숙주를 평평하게 깔고 5의 소고기말이와 채소를 모두 올립니다. 소고기말이가 겹치지 않아야 골고루 익어요.
7. 뚜껑을 덮고 센 불에 7~8분간 찌고 분량의 재료를 섞어 만든 소스와 함께 냅니다.

고기 두께와 부위에 따라 찌는 시간을 조절하세요.
가지, 새송이버섯, 단호박 등 좋아하는 채소를 함께 쪄서 먹으면 더 맛있습니다.

밥 없는 두부 유부초밥

“김밥이나 유부초밥을 한입에 쏙쏙 넣다 보면 끝도 없이 들어가죠. 그래서 공깃밥을 먹을 때보다 탄수화물을 훨씬 더 많이 섭취하게 됩니다. 밥 대신 두부와 소고기로 단백질을 가득 채우고 자투리 채소를 활용해보세요.”

재료

두부 150g
소고기 다짐육 100g
초밥용 유부 8~10장
동봉된 초밥 소스
당근 조금
양파 소금
빨강 파프리카 조금
노랑 파프리카 조금

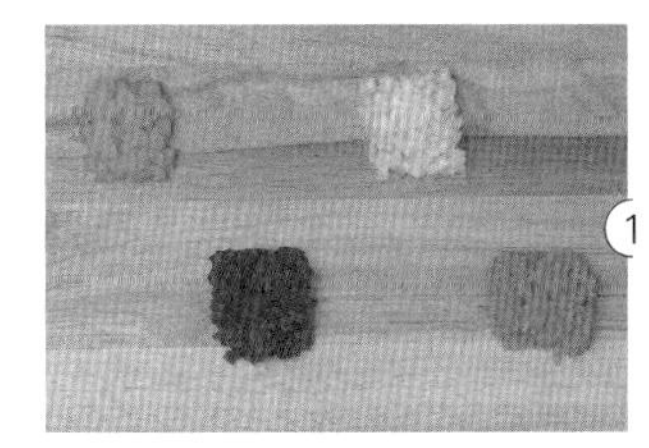
1

1 양파, 당근, 빨강·노랑 파프리카는 쌀알 크기로 잘게 다집니다. 채소 다지기를 이용하면 편리합니다.

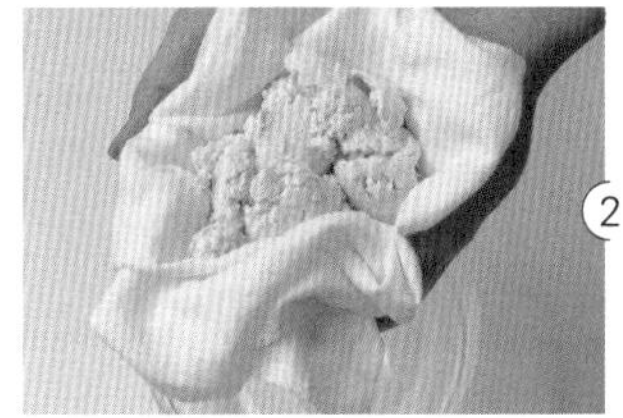
2

2 두부는 면보에 싸서 물기를 짜냅니다.

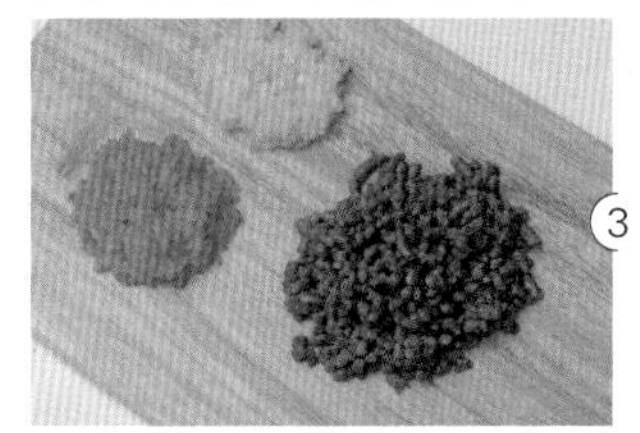
3

3 팬에 기름을 두르지 않고 다진 양파, 당근, 소고기를 2~3분 살짝 볶아서 펼쳐놓고 식힙니다.

4

4 두부에 볶은 양파, 당근, 소고기, 다진 파프리카, 동봉된 초밥 소스와 프레이크를 넣고 잘 섞어줍니다.

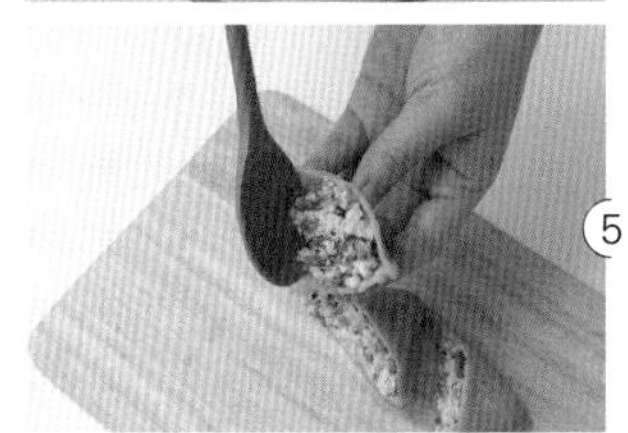
5

5 유부의 물기를 가볍게 짜내고 4의 속을 채웁니다.

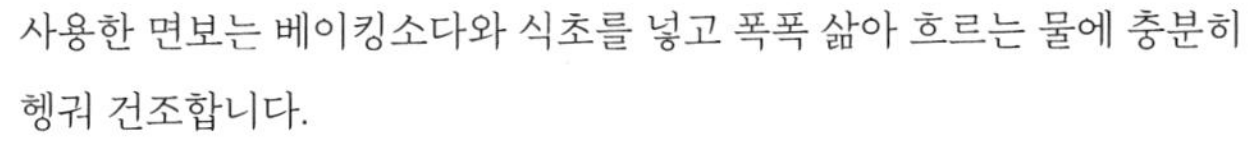

사용한 면보는 베이킹소다와 식초를 넣고 폭폭 삶아 흐르는 물에 충분히 헹궈 건조합니다.
소고기를 빼고 두부만 넣어도 맛있습니다.
한여름이나 도시락으로 만들 때는 두부를 포함한 모든 재료를 볶아 식혀서 넣으면 오래 보관할 수 있습니다.

시금치 프리타타

“간편하면서도 근사한 오믈렛 시금치프리타타는 아침이나 저녁 메뉴로 좋아요.
식이섬유 가득한 시금치는 비타민과 철분도 많이 들어 있어 몸에 좋은 채소입니다.”

재료

닭가슴살 소시지 1개
방울토마토 5~7개
시금치 2~3대
양파 1/4개
모차렐라 치즈 100g
달걀 3개
우유 100ml
소금 2꼬집
후춧가루 조금
올리브오일 조금
파슬리 가루 조금(선택)

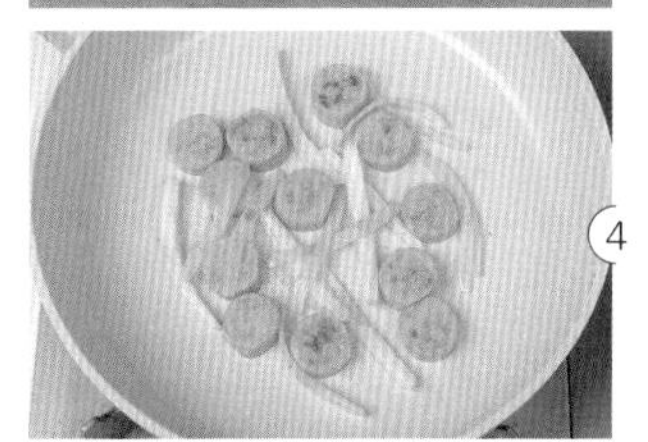

1. 시금치는 깨끗이 씻어 5cm 길이로 자릅니다.
2. 닭가슴살 소시지는 0.5cm 두께로 통썰기하고, 방울토마토는 반으로 자릅니다. 양파는 0.5cm 두께로 얇게 채 썰어요.
3. 달걀에 우유와 소금, 후춧가루를 넣고 풀어줍니다.
4. 팬에 올리브오일을 두르고 채 썬 양파, 닭가슴살 소시지를 중불에 1분간 볶아요.
5. 토마토, 시금치를 넣고 30초 정도 볶다가 시금치 숨이 죽으면 풀어둔 달걀을 부어줍니다.
6. 스크램블드에그를 만들듯이 달걀을 젓가락으로 저어 70% 정도 익힙니다.
7. 모차렐라 치즈를 올리고 뚜껑을 덮어 3분간 약불로 익힙니다.
8. 그릇에 담고 파슬리 가루를 뿌립니다.

닭가슴살 소시지 대신 닭가슴살을 넣어도 됩니다.
달걀물을 만들 때 우유 대신 두유, 생수, 아몬드유를 넣어도 좋아요.
시금치 잎을 하나씩 떼어내 씻으면 흙을 완전히 제거할 수 있어요.
영양소 가득한 뿌리도 버리지 말고 먹어요.

밀푀유나베

(2인분)

"프랑스어로 '천 개의 잎사귀'라는 뜻을 가진 밀푀유. 일본의 냄비 요리 나베와 만나 활짝 핀 꽃 같은 요리입니다.
쌀쌀한 날이면 생각나는 메뉴예요. 저탄수화물 레시피이지만 온 가족 요리, 집들이 요리로도 사랑받는 음식이에요."

재료

샤브샤브용 소고기 300g
알배추 1/2포기
청경채 2송이
깻잎 20장
숙주 200g
표고버섯 2개
팽이버섯 1/2봉지
생수 1L
해물육수팩 1개
쯔유 2큰술(또는 국간장 2큰술)

소스

간장 1큰술
식초 1/2큰술
다진 파 1큰술
연겨자 조금

1. 팽이버섯은 밑동을 자르고, 표고버섯은 밑동을 떼어내고 머리는 십자 모양으로 칼집을 냅니다.
2. 물에 해물육수팩, 표고버섯 밑동, 쯔유를 넣고 10분간 끓입니다.
3. 알배추는 한 장씩 떼어내 씻고, 깻잎은 꼭지를 제거합니다.
4. 알배추–소고기–깻잎 순으로 세 번 반복해 9겹으로 포갭니다. 배추 줄기 부분을 한 번씩 엇갈려서 놓아야 높이가 균일합니다.
5. 냄비 깊이만큼 3~4등분합니다.
6. 냄비 바닥에 숙주를 깔고 5의 자른 단면이 보이도록 세워서 둥글게 돌려가며 담습니다.
7. 가운데 팽이버섯, 청경채, 표고버섯을 올립니다.
8. 테이블에서 육수를 부어 끓이면서 드세요. 분량의 재료를 섞어 만든 소스를 함께 냅니다.

마른 새우, 멸치, 다시마로 육수를 만들어도 좋습니다.
스위트 칠리 소스나 참깨 드레싱을 찍어 먹어도 맛있어요.
쯔유 대신 국간장을 넣어도 됩니다.

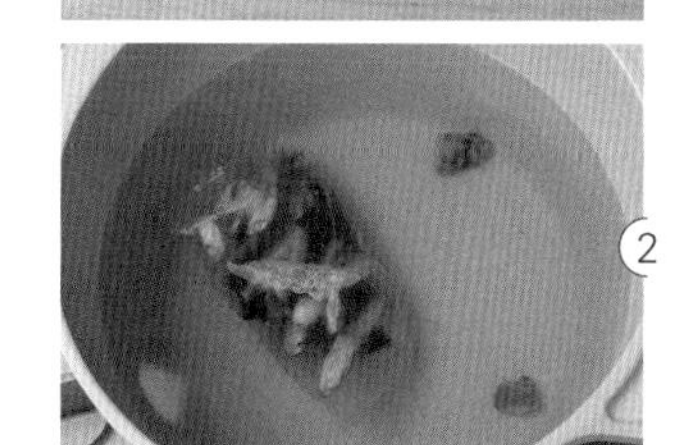

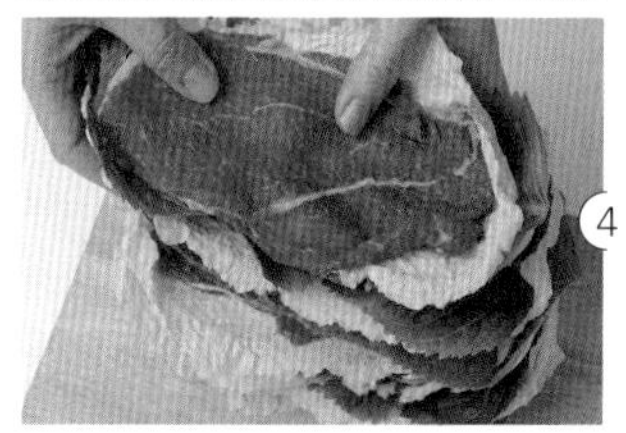

닭안심유린기
(2인분)

"밀가루 대신 라이스페이퍼로 튀김옷을 만든 닭안심유린기는 새콤달콤한 소스를 뿌려 양상추까지 맛있답니다."

재료

닭안심 200g(7~8덩이)
사각형 라이스페이퍼 4장
올리브오일 2큰술
양상추 5장(1/4통)
청양고추 1개
홍고추 1개
무순 조금
레몬 1/2개
통후추 10개

소스

간장 2큰술
물 2큰술
식초 2큰술
다진 마늘 1/2큰술
올리고당 1.5큰술

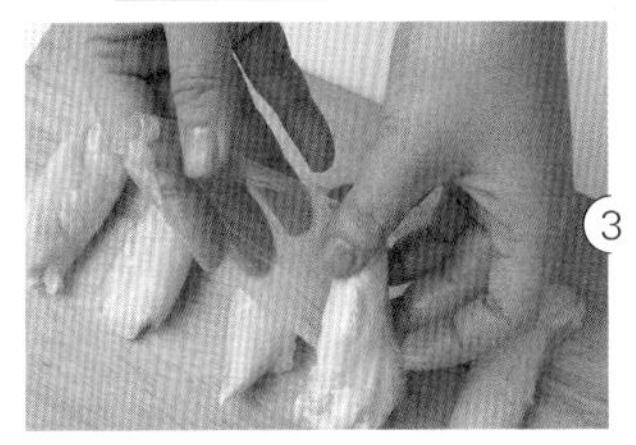

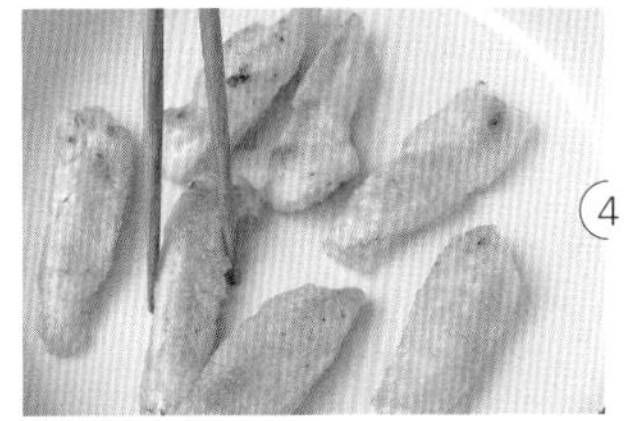

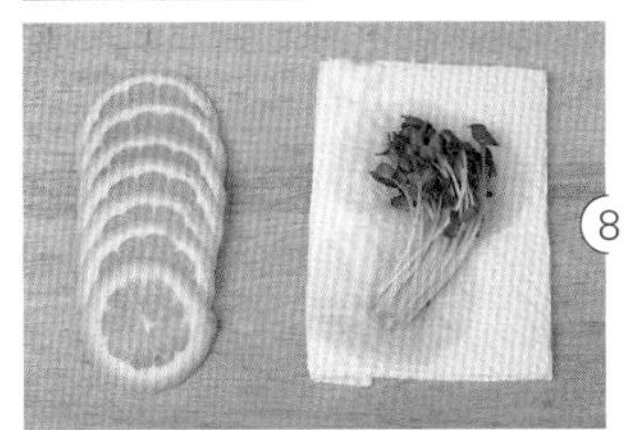

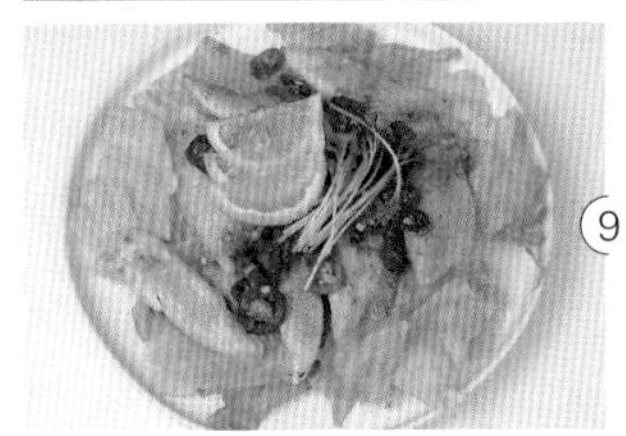

1. 닭안심은 통후추를 넣고 7분간 삶아요.
2. 라이스페이퍼는 가위로 반을 자르고 물에 적셔 도마에 펼칩니다.
3. 라이스페이퍼 위에 삶은 닭안심을 올려 돌돌 말아줍니다.
4. 팬에 올리브오일을 두르고 중약불에 라이스페이퍼가 바삭해질 정도로 2~3분간 구워요.
5. 양상추는 한입 크기로 뚝뚝 떼어서 차가운 물에 씻고 물기를 완전히 제거합니다.
6. 홍고추와 청양고추는 씨를 제거하지 않고 0.2cm 두께로 송송 썰어요.
7. 볼에 송송 썬 홍고추와 청양고추, 분량의 소스 재료를 넣고 골고루 섞어주세요.
8. 레몬은 얇게 반달썰기를 하고, 무순도 씻어서 물기를 제거합니다.
9. 양상추 위에 구운 닭안심을 올리고 소스를 한 번 더 섞어서 부은 후 레몬과 무순을 올립니다.

양상추는 채소 탈수기를 사용하거나 키친타월로 물기를 완전히 제거해야 더 맛있습니다.
닭안심 대신 돼지고기 안심을 사용해도 됩니다.
닭안심을 삶을 때 잡내를 제거하기 위해 통후추 대신 대파, 월계수잎, 소주 등을 넣어도 됩니다.

소고기 숙주볶음

“아삭아삭한 숙주는 저칼로리 재료로 볶음밥이나 볶음국수에 듬뿍 넣으면 푸짐하면서도 살찔 걱정 없이 마음 편하게 먹을 수 있어요.”

재료

샤브샤브용 소고기 150g
숙주 100g
양파 1/4개
청경채 1포기
통마늘 3~5개
쪽파 3~4대
올리브오일 1큰술
소금 조금
굴소스 1/2큰술
간장 1큰술
올리고당 1큰술
후춧가루 조금
통깨 조금

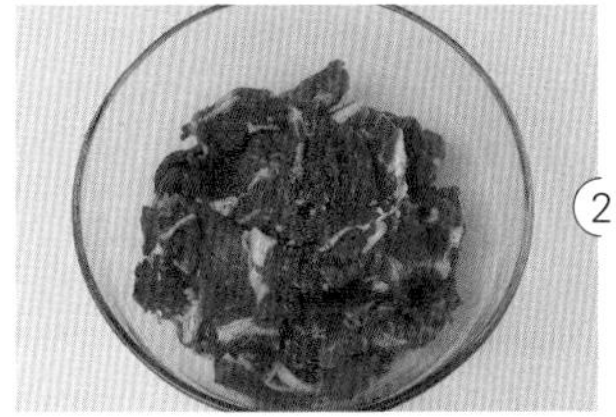

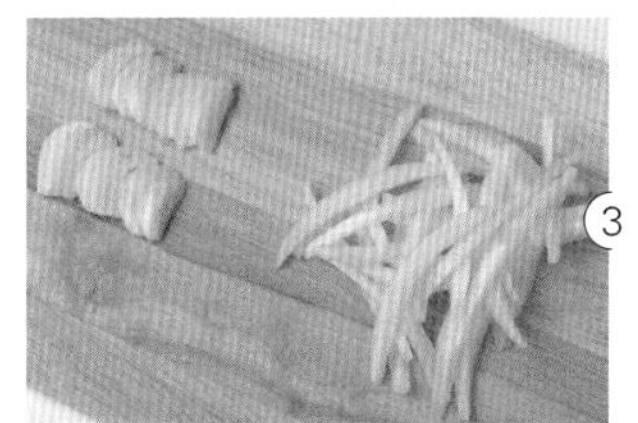

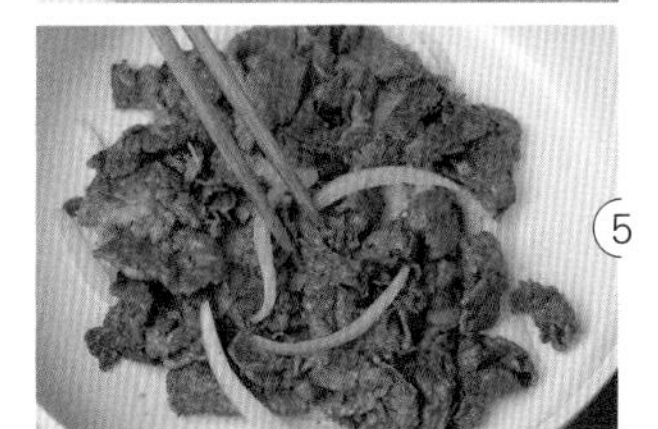

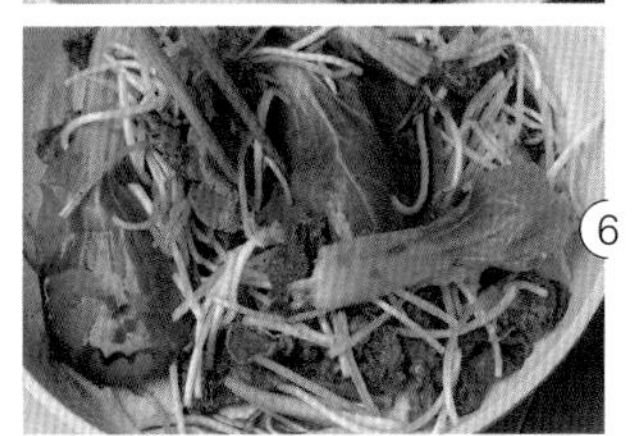

1. 숙주는 깨끗이 씻은 다음 체에 받쳐 물기를 제거하고, 청경채는 한 장씩 떼어내서 씻은 후 물기를 제거합니다.
2. 소고기는 한입 크기로 썰고 후춧가루와 소금을 뿌려 밑간을 하고 10분간 재워둡니다.
3. 양파는 0.5cm 두께로 채 썰고, 통마늘은 편으로 썰어요.
4. 팬에 올리브오일을 두르고 중불에 채 썬 양파와 편 썬 마늘을 30초간 볶습니다.
5. 4에 소고기를 넣고 1~2분 노릇하게 구워요.
6. 소고기가 익으면 숙주, 청경채, 굴소스, 간장, 올리고당, 후춧가루를 넣고 센 불에 30초만 볶아요.
7. 쪽파를 송송 썰어 올리고 통깨를 뿌립니다.

소고기 대신 대패삼겹살이나 차돌박이 등 어떤 고기를 넣어도 맛있습니다.
생강가루가 있다면 6번 과정에서 살짝 뿌려주세요.

닭가슴살 겨자냉채

"가끔 톡 쏘는 해파리냉채가 생각날 때가 있어요. 특별한 날 손님상에 올릴 법한 메뉴를 간단하게 만들어 가족과 함께 즐겨보세요. 미역국수를 넣어 오돌오돌 씹히는 맛도 좋아요."

재료

닭가슴살 100g(1덩이)
빨강 파프리카 1/4개
노랑 파프리카 1/4개
손질 새우 10마리
오이 1/2개
적양배추 1장
당근 1/5개
깻잎 15장
미역국수 1/2봉지
얇게 썬 레몬(선택)

소스

연겨자 1/2큰술
식초 2큰술
올리고당 1큰술
간장 1.5큰술
다진 마늘 1작은술
물 3큰술

1. 닭가슴살은 끓는 물에 15분간 삶아 식힌 후 결대로 찢어요.(완조리 닭가슴살을 사용하면 편리합니다.)
2. 빨강·노랑 파프리카는 반을 갈라 씨를 제거한 후 0.5cm 두께로 채 썰고, 오이와 적양배추, 당근도 0.5cm 두께로 채 썰어요.
3. 새우는 끓는 물에 3분간 데쳐서 물기를 뺍니다.
4. 볼에 분량의 재료를 섞어서 소스를 만듭니다.
5. 접시 가운데 미역국수를 올린 다음 닭가슴살, 채 썬 채소를 둘러줍니다.
6. 얇게 썬 레몬을 보기 좋게 올리고 소스와 함께 냅니다.
7. 소스를 부어서 한꺼번에 버무려 깻잎에 싸서 먹으면 별미예요. 그야말로 냉채족발 맛이 납니다.

톡 쏘는 맛은 기호에 맞게 식초 양을 조절하세요.

양배추스테이크 & 새우마늘볶음

"올리브오일에 구워 달큰한 양배추는 달달한 고기보다 맛있다는 것 아시나요?
소화가 잘돼 위에 좋은 양배추에 새우와 마늘을 함께 구워 단백질까지 챙겼답니다."

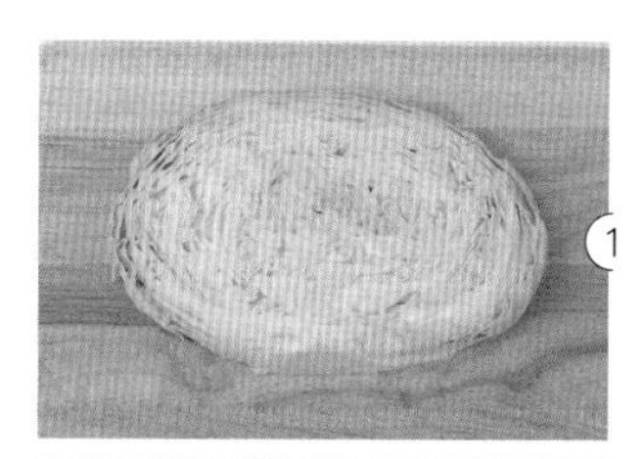

재료

양배추 1/5통
냉동새우 5~7마리(큰 것)
통마늘 7~10개(1줌)
올리브오일 2큰술
버터 1작은술(선택)
후춧가루 소금

소금 2꼬집

1. 양배추는 단면이 보이도록 3cm 두께로 두툼하게 자릅니다.
2. 양배추의 나풀거리는 부분은 이쑤시개로 고정한 후 흐르는 물에 씻고 키친타월로 물기를 완전히 제거해요.
3. 양배추에 올리브오일을 앞뒤로 골고루 발라 10분간 재워둡니다.

4. 양배추에 소금과 후춧가루를 골고루 뿌립니다.
5. 통마늘은 그대로 사용하는데, 엄지손가락보다 큰 것은 반으로 자릅니다.

6. 냉동새우는 찬물에 씻어 물기를 제거합니다.
7. 팬에 버터를 녹이고 밑간한 양배추를 센 불에 2분간 구워요.

8. 양배추를 뒤집고 팬의 빈자리에 올리브오일을 둘러서 새우와 마늘을 구워줍니다.
9. 중불로 낮추고 뚜껑을 덮어 마늘이 노릇해질 정도로 3~4분 더 구워줍니다.

양배추는 자주 뒤집지 말고 딱 한 번만 뒤집어주세요.
구운 양배추에 치즈를 올리면 더 맛있습니다.

닭가슴살 만둣국

"추운 계절 뜨끈한 음식이 당기는 날, 간식으로 먹는 닭가슴살 만두로 만둣국을 끓여보세요.
온몸이 따뜻해지는 메뉴랍니다."

재료

닭가슴살 만두 1팩(6개)
시판용 사골육수 300~400ml
달걀 1개
대파 한 뼘
소금 조금
후춧가루 조금
김가루 조금(선택)
통깨 조금(선택)
참기름 1작은술(선택)

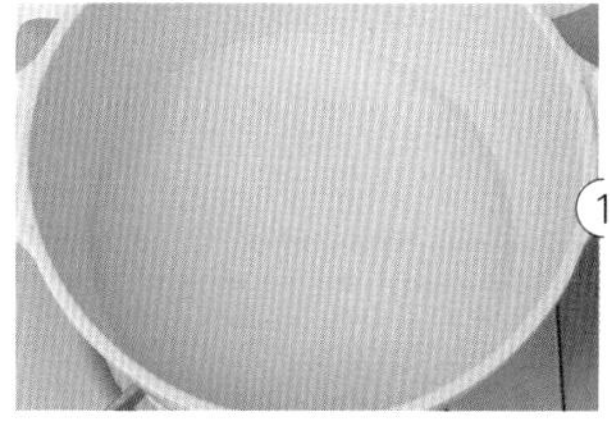

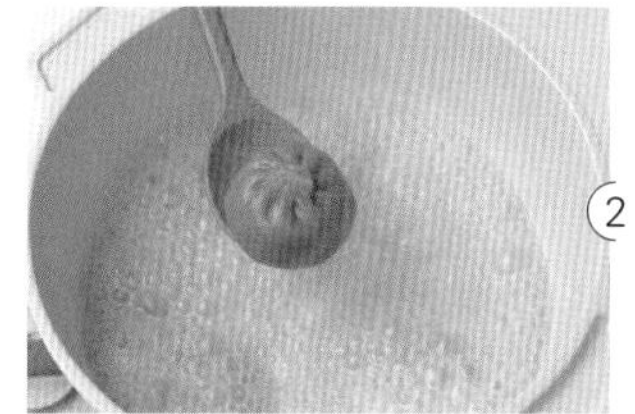

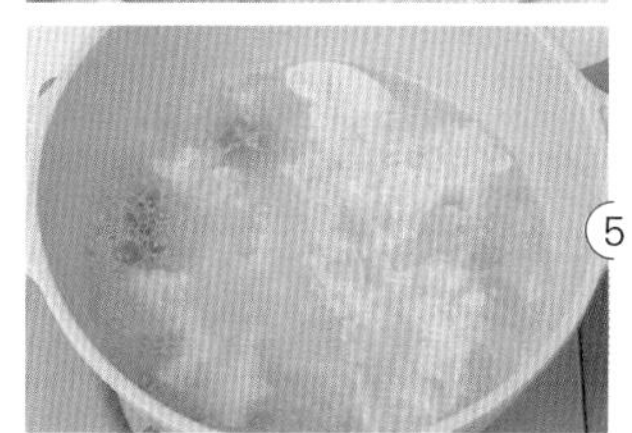

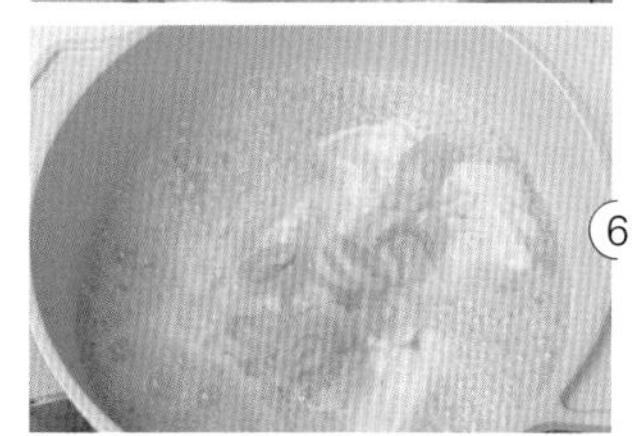

1. 냄비에 시판용 사골육수를 붓고 끓입니다.
2. 닭가슴살 만두를 넣고 동동 뜰 때까지 2분간 더 끓여요.
3. 그릇에 달걀을 풀어줍니다.
4. 대파는 0.5cm 두께로 어슷썰기합니다.
5. 끓는 만둣국에 달걀물을 쪼르륵 따르듯 넣어 젓지 않고 그대로 익힙니다.
6. 달걀이 익어서 위로 떠오르면 어슷 썬 대파를 넣고, 모자란 간은 소금으로 맞춘 다음 후춧가루를 뿌립니다.
7. 김가루, 통깨, 참기름을 조금씩 뿌립니다.

알배추 항정살찜

"달달한 알배추로 맛있는 배추찜을 만들어보세요. 쫄깃한 돼지고기 항정살과 함께 먹으면 더욱 맛있답니다. 보기에도 근사해 손님상에 올리기에도 그만이고 누구에게나 사랑받는 요리입니다."

재료

돼지고기 항정살 200g
알배추 1/2통
물 500ml
통후추 10개
맛술 1잔(또는 소주)
청양고추 1개
홍고추 1/2개
대파 1/3대

소스

간장 1큰술
물 1큰술
식초 1/2큰술
다진 마늘 1/5큰술
굴소스 1/5큰술
올리고당 1/2큰술
통깨 조금

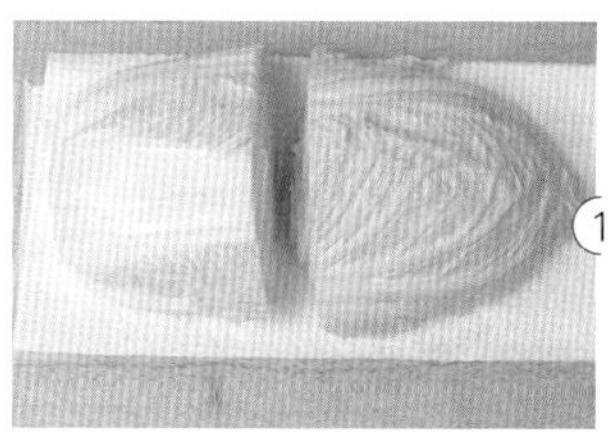

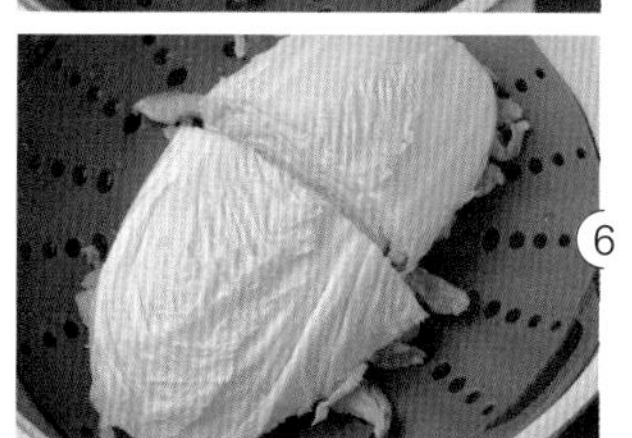

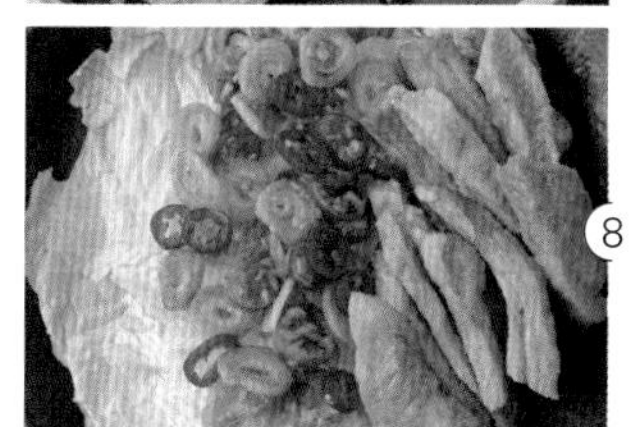

1. 알배추는 반으로 잘라 씻은 후 엎어서 물기를 뺍니다.
2. 찜기 위로 물이 올라오지 않을 정도로 냄비에 물을 채웁니다. 냄비 크기에 따라 500~700ml 정도가 적당해요. 통후추를 넣고 뚜껑을 덮어 끓입니다.
3. 청양고추, 홍고추, 대파는 송송 썰어요.
4. 볼에 송송 썬 청양고추, 홍고추, 대파, 분량의 재료를 섞어 소스를 만듭니다.
5. 물이 끓으면 맛술을 붓고 찜기에 항정살을 겹치지 않게 펼쳐서 센 불에 4분간 익힙니다.
6. 항정살 위에 알배추를 엎어 올리고 4분간 더 찝니다.
7. 불을 끄고 뚜껑을 닫은 채로 3분간 뜸 들입니다.
8. 찐 알배추와 항정살을 접시에 올리고 소스를 듬뿍 뿌립니다.

2번 과정에서 대파뿌리와 소주를 넣으면 잡내를 제거하는 데 좋아요.
항정살 대신 앞다리살, 목살, 삼겹살을 활용해도 좋아요.

훈제오리쌈두부 월남쌈

“라이스페이퍼 대신 단백질 가득한 쌈두부에 싱싱한 채소를 싸서 먹으면 몸속이 깨끗해지는 맛이에요.”

재료

훈제오리 200g
빨강 파프리카 1/3개
노랑 파프리카 1/3개
당근 1/4개
양파 1/4개
깻잎 5장
쌈두부 1팩
어린잎채소 1줌

소스

저칼로리 머스터드 적당량
스리라차 소스 적당량

1. 훈제오리는 끓는 물에 10초간 데친 후 체에 받쳐서 식힙니다.
2. 빨강·노랑 파프리카, 당근은 0.5cm 두께로 얇게 채 썰어요.
3. 양파는 조금 더 얇게 채 썰어 찬물에 5분간 담가 매운맛을 빼고 키친타월에 올려 물기를 제거합니다.
4. 어린잎채소도 씻어서 체에 받치고 키친타월로 물기를 제거합니다.
5. 깻잎은 돌돌 말아서 가늘게 채 썰어요.
6. 큰 접시에 채소들을 무지개색으로 놓고 데친 훈제오리와 쌈두부를 올립니다.
7. 쌈두부에 훈제오리와 채소를 싸서 저칼로리 머스터드와 스리라차 소스에 찍어 먹어요.

3

4

5

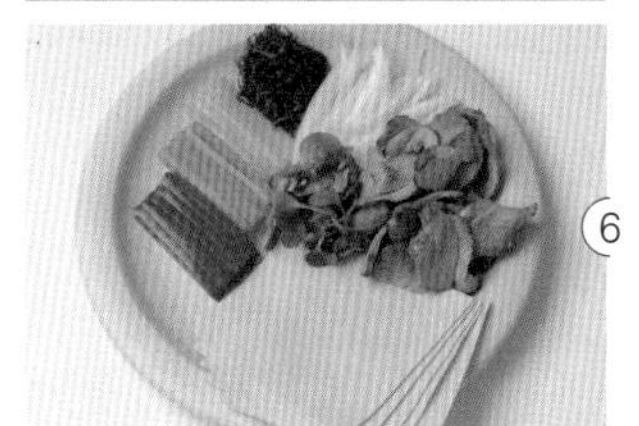

6

훈제오리 대신 닭가슴살을 넣어도 됩니다.
액젓 1큰술, 물 1큰술, 올리고당 0.3큰술, 송송 썬 청양고추를 섞어서 만든 소스에 찍어 먹어도 맛있습니다.

밥 없는 채소순두부카레

"부드럽고 고소한 순두부로 맛있는 카레를 만들어봤어요.
냉장고에 있는 자투리 채소를 활용하기에 더없이 좋은 메뉴입니다."

재료

순두부 1/2봉지
애호박 1/3개
느타리버섯 50g
양파 1/2개
방울토마토 5개
카레 가루 2.5~3큰술
물 100ml
우유 100ml
올리브오일 1큰술
후춧가루 조금

1. 양파는 0.5cm 두께로 채 썰고, 느타리버섯은 밑동을 자르고 한 가닥씩 떼어냅니다.
2. 애호박은 1cm 두께로 통썰기하고, 방울토마토는 꼭지를 떼어냅니다.
3. 냄비에 올리브오일을 두르고 약불에 양파를 10분간 볶아요.
4. 양파가 충분히 익으면 물, 우유, 카레 가루를 넣고 걸쭉해질 때까지 끓입니다.
5. 순두부를 전자레인지에 2분간 데우고, 그릇에 나온 물은 따라서 버립니다.
6. 팬에 올리브오일을 두르고 중불에 애호박을 3분간 굽는데, 1분 남았을 때 방울토마토와 느타리버섯을 굽고 후춧가루를 뿌립니다.
7. 순두부에 4의 카레 소스를 붓고 구운 애호박, 방울토마토, 느타리버섯을 올립니다.

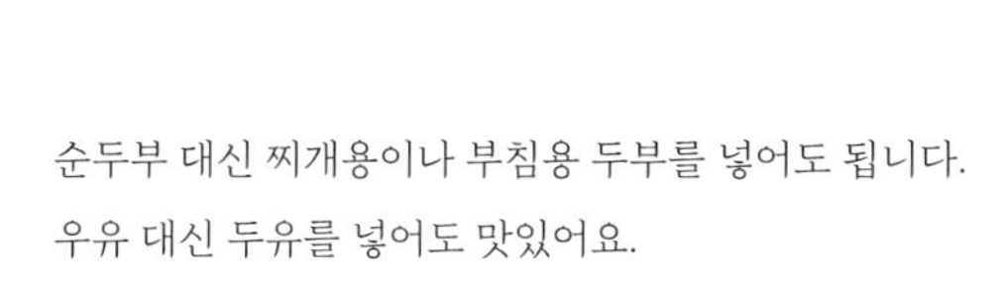
순두부 대신 찌개용이나 부침용 두부를 넣어도 됩니다.
우유 대신 두유를 넣어도 맛있어요.
브로콜리, 가지, 감자 등 다양한 채소를 넣어보세요.

연어 스테이크

"담백하고 고소한 연어는 다이어트하는 사람들이 즐겨 먹는 음식이죠.
연어를 구울 때 여러 가지 채소를 곁들여보세요. 간단하면서도 근사한 저탄수화물 식단이 됩니다."

재료

연어 300g
올리브오일 4큰술
버터 1작은술(선택)
아스파라거스 3~4대
방울양배추 3개
방울토마토 3개
얇게 썬 레몬 1/2개
통마늘 5~7개
후춧가루 조금
소금 2꼬집

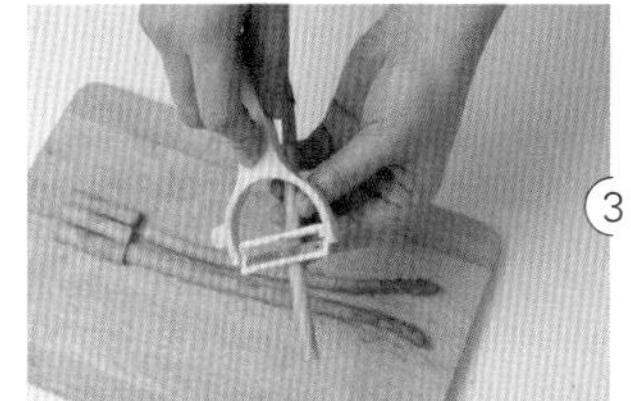

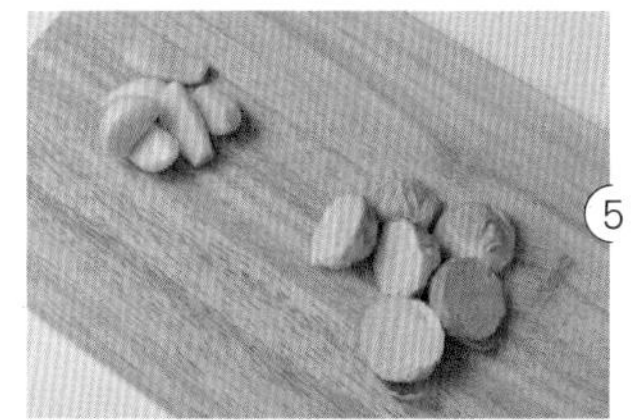

1. 연어는 키친타월로 모든 면의 물기를 충분히 제거합니다.
2. 올리브오일 2큰술을 연어에 골고루 바른 후 후춧가루와 소금 1꼬집을 뿌려 밑간하고 30분간 재워둡니다.
3. 아스파라거스는 단단한 밑동을 3cm 정도 잘라내고 아래쪽 질긴 부분(1/3)의 껍질을 감자칼로 벗겨냅니다.
4. 끓는 물에 소금 1꼬집을 넣고 아스파라거스를 30초간 데칩니다.
5. 방울양배추는 반으로 자르고, 통마늘도 꼭지를 제거합니다.
6. 팬에 올리브오일 2큰술을 두르고 버터를 녹여서 충분히 달군 후 연어를 올립니다. 중불에 튀기듯 2분간 굽다가 뒤집어서 마늘을 넣고 뚜껑을 덮어 4~5분간 더 구워요. 자주 뒤집지 않는 것이 좋아요.
7. 2분 남았을 때 아스파라거스, 방울양배추, 방울토마토, 레몬을 넣어 같이 구워줍니다.

연어 두께에 따라 굽는 시간을 조절합니다.
연어는 껍질 쪽부터 바삭하게 구운 후 살 부위를 부드럽게 익혀주세요.
레몬은 베이킹소다로 껍질을 깨끗하게 씻어줍니다.

오징어 미나리말이

“담백한 오징어에 데친 미나리를 돌돌 말았어요. 단백질이 풍부한 오징어와 몸에 좋은 미나리로 상큼한 식단을 준비해보세요. 술을 즐기는 분들에게는 저칼로리 안주로 추천합니다.”

재료

손질 오징어 1마리
미나리 100g
소금 1꼬집

양념장

스리라차 소스 1큰술
고추장 1/3큰술
다진 마늘 1/3큰술
올리고당 1/2큰술
참기름 1/2큰술
식초 1/2큰술
깨소금 조금

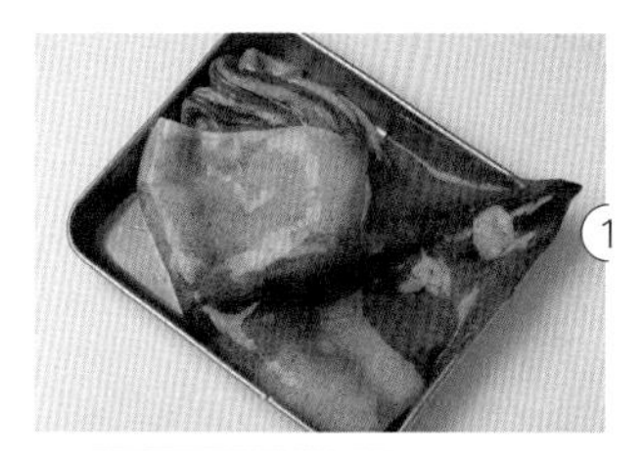

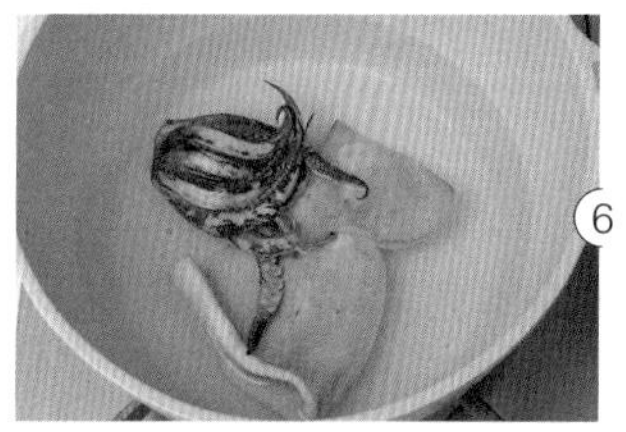

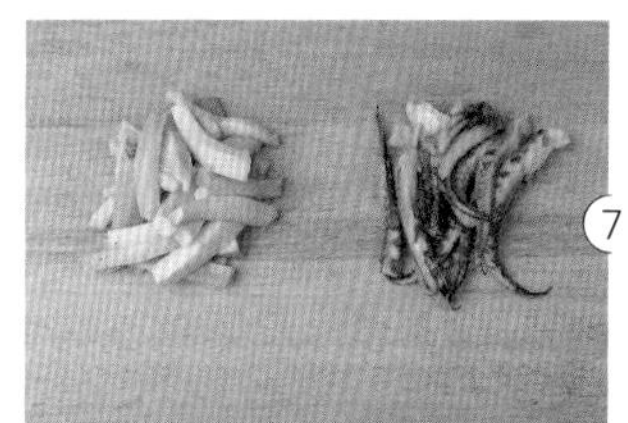

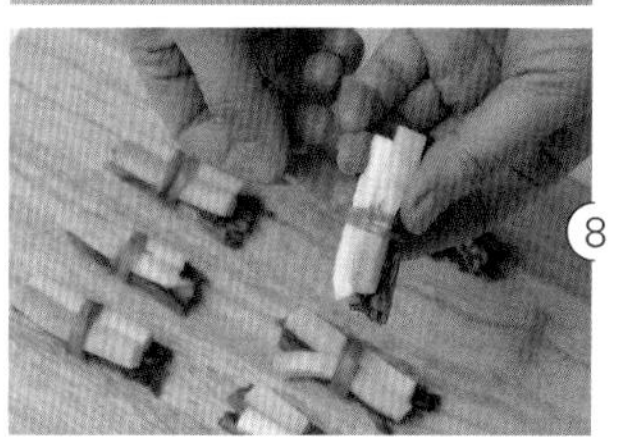

1. 오징어는 흐르는 물에 충분히 씻어주세요.
2. 미나리도 깨끗이 씻어 반으로 썰어요.
3. 끓는 물에 소금 1꼬집을 넣고 미나리를 굵은 줄기부터 넣어 20초간 데칩니다. 10초 남았을 때 이파리 부분을 넣으세요.
4. 데친 미나리는 곧바로 찬물에 헹구고, 모양이 흐트러지지 않도록 길게 잡고 물기를 쭉 짜냅니다.
5. 미나리는 5cm 길이로 썰어요. 돌돌 말아서 묶을 미나리는 썰지 않고 따로 빼둡니다.
6. 끓는 물에 오징어를 넣고 1~2분간 데칩니다.
7. 오징어 몸통 부분은 손가락 굵기에 5cm 길이로 썰고, 오징어 다리는 2~3개씩 묶음으로 썰어요.
8. 미나리와 오징어를 비슷한 양으로 쥐고 긴 미나리로 돌돌 말아줍니다.
9. 분량의 재료를 섞어서 양념장을 만들어 곁들입니다.

양념장에 시판용 초고추장과 스리라차 소스를 섞어도 맛있습니다.
오징어는 오래 삶으면 질겨지니 데치는 시간을 지켜주세요. 1마리당 2분을 넘지 않는 것이 좋아요.

게맛살순두부 달걀찜

"달걀과 순두부의 만남! 상상만 해도 따뜻하고 부드러운 식감이 입안에 감돕니다. 감칠맛을 내는 게맛살을 넣어 한 끼 식사로도 충분하고 아이들 밥반찬으로도 좋아요. 전자레인지로 간편하게 만들어보세요."

재료

달걀 2개	소금 2꼬집
게맛살 70g	
순두부 1/3봉지	
쪽파 조금	
당근 조금	
물 50ml	

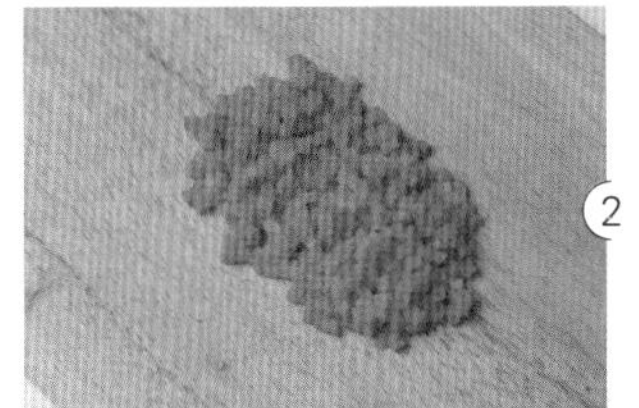

1. 게맛살은 결대로 가늘게 찢고 쪽파는 송송 썰어요.
2. 당근은 0.3cm 두께로 채 썰어서 잘게 다집니다.
3. 전자레인지용 그릇에 달걀, 소금, 물을 넣고 잘 풀어줍니다.
4. 달걀물에 찢은 게맛살, 다진 당근, 송송 썬 쪽파를 넣고 섞어요.
5. 달걀물에 순두부를 넣고 숟가락으로 큼직하게 나눕니다.
6. 랩을 팽팽하게 씌우고 젓가락으로 5~6개의 구멍을 뚫어요.
7. 전자레인지에 5분간 돌립니다.

전자레인지 사양과 달걀의 양에 따라 찌는 시간을 조절해주세요.
가운데를 찔러봤을 때 달걀물이 올라오지 않으면 다 익은 거예요.
소금 대신 새우젓으로 간을 하면 더 맛있어요.

날치알 연어포케

"하와이 원주민 말로 '자른다'는 뜻의 포케(poke)는 밥 위에 여러 가지 재료를 올려 먹는 한그릇 요리입니다. 좋아하는 재료나 냉동실에 있는 재료를 넣어보세요. 탄수화물, 단백질, 지방을 골고루 섭취할 수 있는 요리예요."

재료

생연어 100g
밥 150g
양파 1/4개
치커리 20g
날치알 1큰술
캔 옥수수 1큰술
후리가케 1/2큰술
무순 조금
시판용 오리엔탈 드레싱 2큰술

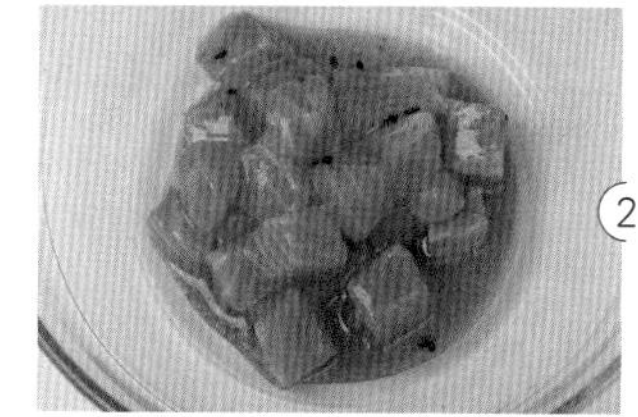

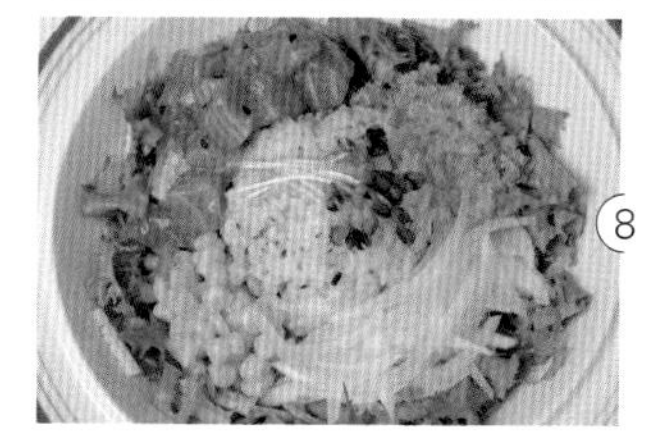

1. 연어는 한입 크기로 깍둑썰기합니다.
2. 연어에 오리엔탈 드레싱을 버무려 재워둡니다.
3. 양파는 0.2cm 두께로 아주 얇게 채 썰어 찬물에 5분 정도 담가 매운맛을 빼고 키친타월로 물기를 제거합니다.
4. 날치알은 해동하는데, 체에 받쳐 한 번 헹궈도 좋아요.
5. 무순과 치커리는 씻어서 물기를 제거한 후, 치커리는 1cm 두께로 썰어요.
6. 넓은 그릇에 밥과 후리가케를 섞어서 주먹밥으로 뭉칩니다.
7. 접시에 주먹밥을 놓고 가장자리에 치커리를 두른 다음 채 썬 양파, 옥수수, 날치알을 올립니다.
8. 드레싱에 재워둔 연어와 무순을 올립니다.

비벼 먹어도 되고 그대로 떠서 먹어도 됩니다.

샐러드 & 오트밀죽

• 브로콜리두부샐러드 • 안심과 따뜻한채소샐러드 • 오이탕탕샐러드 • 소고기토마토샐러드
• 참치미역오트밀죽 • 김치콩나물오트밀죽 • 게맛살부추오트밀죽 • 삼계오트밀죽
• 소고기낫토오트밀죽

브로콜리 두부샐러드(2인분)

"피부 미용과 다이어트에 최고라는 브로콜리가 단백질 가득한 두부와 만나 더 맛있습니다.
그동안 브로콜리를 초고추장에만 찍어 먹었다면 이번에는 새로운 맛을 느껴보세요."

재료

브로콜리 1송이
두부 300g(1모)
쪽파 5~6대
소금 1/2작은술
참기름 1큰술
통깨 조금

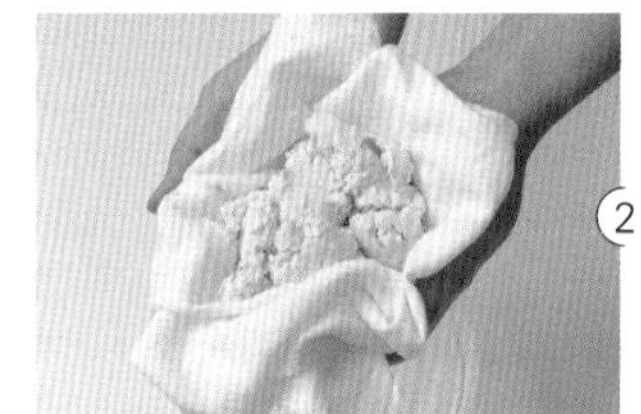

1. 깨끗하게 씻은 브로콜리는 송이 부분은 한입 크기로 썰고, 줄기 부분은 반으로 나눠 0.3cm 두께로 반달썰기합니다.
2. 두부는 면보에 싸서 물기를 최대한 짭니다.
3. 끓는 물에 소금 1작은술을 넣고 브로콜리를 데친 후(아삭하게 1분, 부드럽게 2분) 찬물에 바로 담가 헹굽니다.
4. 브로콜리는 체에 받쳤다가 키친타월로 물기를 완전히 제거합니다.
5. 쪽파는 송송 썰어요.
6. 볼에 두부와 브로콜리, 소금 1/2작은술, 참기름을 넣고 손으로 버무립니다.
7. 통깨와 송송 썬 쪽파를 넣고 한 번 더 가볍게 무칩니다.

브로콜리는 물에 베이킹소다와 식초를 풀어서 씻어주세요.
소금을 넣고 브로콜리를 데치면 초록색이 더욱 선명해집니다.
쪽파 대신 다진 마늘이나 다진 대파를 넣어도 됩니다.

안심과 따뜻한 채소샐러드

"부드럽고 기름기 적은 소고기 안심과 채소를 구웠어요. 버무려두었다가 굽기만 하면 되니 간단하면서도 근사한 요리예요. 매일 똑같은 샐러드에 지겨웠다면 따뜻한 샐러드를 만들어보세요."

재료

스테이크용 소고기 안심 150~200g
애호박 1/3개
가지 1/4개
양파 1/4개
방울토마토 5개
양송이버섯 3개
올리브오일 2큰술
버터 1/2작은술(선택)
허브솔트 조금
홀그레인 머스터드 1/2큰술
파슬리 가루 조금

드레싱

발사믹 식초 1큰술
올리브오일 1큰술
스테이크 소스 1작은술(선택)

1. 소고기 안심은 2cm 두께로 깍둑썰기합니다.
2. 양파, 가지, 애호박은 먹기 좋은 길이와 두께로 깍둑썰기해요.
3. 큰 볼에 깍둑썰기한 안심, 양파, 가지, 애호박을 넣고 올리브오일과 허브솔트를 뿌려 버무립니다.
4. 3에 랩을 씌워 실온에 20~30분 재워둡니다.(여름에는 냉장실에 넣어둡니다.)
5. 방울토마토는 꼭지를 떼고, 양송이버섯은 반으로 자릅니다.
6. 팬에 버터를 녹이고 재워둔 고기와 채소를 노릇하게 구워줍니다.
7. 양파가 투명하게 익으면 방울토마토와 양송이버섯을 넣고 센 불에 30초간 볶듯이 구워줍니다.
8. 분량의 재료를 섞어서 드레싱을 만들고 스테이크에 부어줍니다.
9. 파슬리 가루를 뿌리고 홀그레인 머스터드와 함께 냅니다.

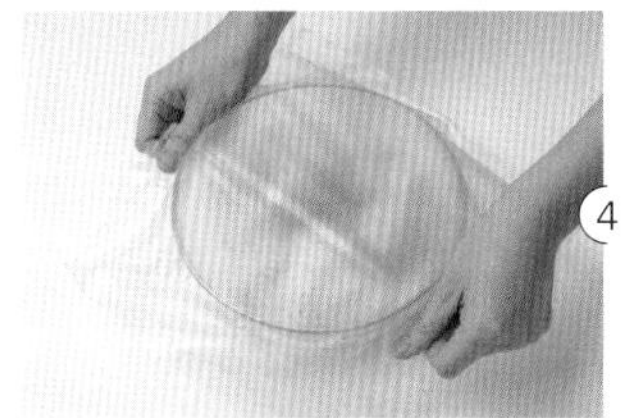

오이탕탕 샐러드(2인분)

"중국식 오이무침 파이황과입니다. 오이는 수분이 많고 칼로리가 적어서 샐러드처럼 먹거나 저칼로리 안주로 좋습니다. 오이를 두드리면 칼로 썰었을 때보다 양념이 잘 배어들고 아삭한 식감도 더 좋아집니다."

재료

백오이 3개
홍고추 1개
굵은소금 1큰술(세척용)
올리고당 4큰술
식초 5큰술
다진 마늘 1/2큰술
소금 1/2작은술

1 오이는 굵은소금으로 문질러 씻거나 필러로 가시를 듬성듬성 제거한 다음 꼭지를 잘라냅니다. 껍질을 모두 벗겨내지는 않아요.

2 오이를 일회용 비닐팩에 넣고 절구 방망이나 밀대를 사용해 갈라질 정도로 5~6회 두들깁니다.

3 두들긴 오이는 칼로 썰지 않고 4cm 길이로 뚝뚝 부러뜨려 큰 볼에 담습니다.

4 오이에 소금을 뿌려 숟가락 2개로 가볍게 버무립니다.

5 홍고추는 0.2cm 두께로 어슷썰기한 후 찬물에 씻어서 씨를 제거합니다.

6 오이에 어슷 썬 홍고추, 올리고당, 식초, 다진 마늘을 넣고 가볍게 버무린 후 냉장고에서 2시간 숙성합니다.

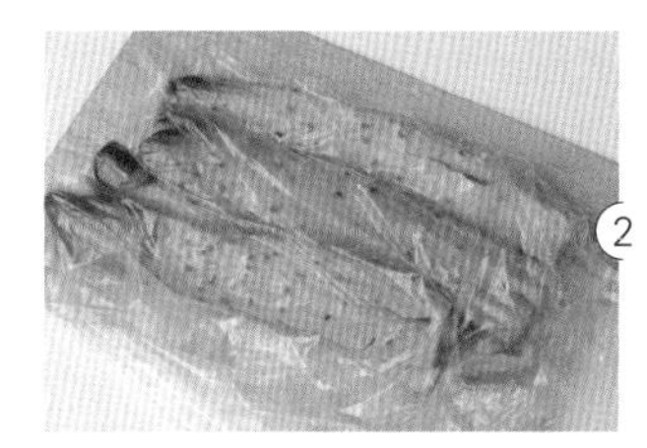
2

4

5

6

먹기 전에 한 번 더 섞어주세요.
오이를 유리용기에 담아 숙성하면 온도가 더 내려가서 정말 시원하고 맛있어요.
올리고당 대신 설탕 2큰술을 넣어도 됩니다.
양파나 고수를 넣어도 맛있어요.
소금은 기호에 맞게 추가하세요.

소고기토마토 샐러드

"소고기와 마늘이 어우러진 한식 샐러드예요. 유자청을 넣어 달달하면서도 향긋합니다."

재료

샤브샤브용 소고기 150g
알배추 2장
청상추 3장
토마토 1개
오이 1/4개
통마늘 5~6개
후춧가루 조금

소스

간장 3큰술
물 3큰술
식초 2큰술
참기름 2큰술
올리고당 1큰술
유자청 1작은술
깨 1/2큰술

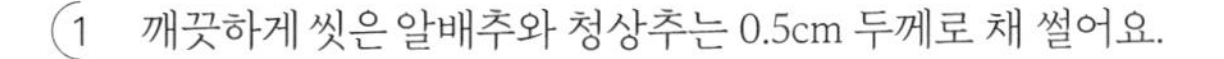

1. 깨끗하게 씻은 알배추와 청상추는 0.5cm 두께로 채 썰어요.
2. 토마토는 8등분하고, 오이는 0.2cm 두께로 통썰기합니다.
3. 통마늘은 꼭지를 제거하고 절구로 빻거나 칼등으로 잘게 다져요.
4. 볼에 다진 마늘, 분량의 소스 재료를 모두 넣고 골고루 섞어요.
5. 소고기는 후춧가루를 뿌려 앞뒤로 노릇하게 구운 후 키친타월에 올려 기름기를 빼면서 식힙니다. 너무 오래 구우면 고기가 질겨지니 주의합니다.
6. 접시에 알배추와 청상추를 섞어서 깔고 썰어둔 토마토와 오이를 올려요.
7. 가운데 구운 소고기를 수북이 올리고 소스를 뿌립니다.

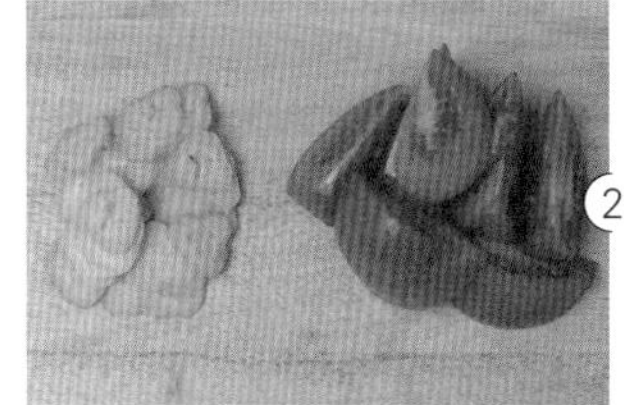

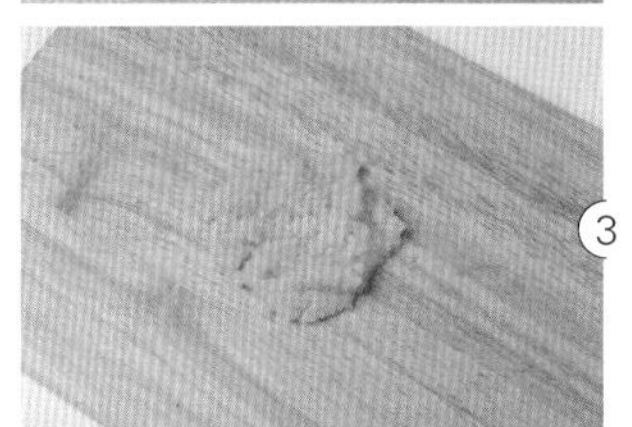

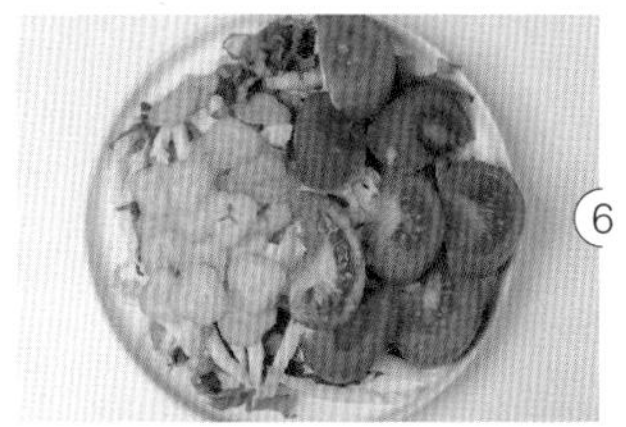

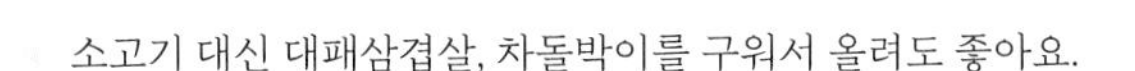

소고기 대신 대패삼겹살, 차돌박이를 구워서 올려도 좋아요.

참치미역
오트밀죽

"세계 10대 푸드 중 하나인 귀리로 만든 오트밀. 100g당 370칼로리로 쌀과 비슷하지만 식이섬유와 단백질이 풍부해 흰쌀보다 훨씬 적은 양으로 포만감을 느낄 수 있어요. 한 끼당 30~50g으로도 속이 든든하답니다."

재료

참치 100g
마른 미역 5g
오트밀 30g
물 300ml
국간장 1큰술
소금 1꼬집
참기름 1큰술
통깨 1꼬집
후춧가루 조금

1. 미역은 20분간 찬물에 담가 불려서 2~3번 헹군 후 1cm 길이로 잘라요.
2. 냄비에 참기름을 두르고 자른 미역을 약불에 2~3분간 볶아요.
3. 푸른 미역이 갈색빛이 돌 때까지 부드럽게 볶은 후 물, 오트밀, 국간장을 넣고 오트밀이 푹 퍼지도록 저어가며 중불에 3~5분간 끓여요.
4. 참치는 체에 받쳐 기름기를 빼고 넣어요.
5. 모자란 간은 소금으로 맞추고 기호에 맞게 후춧가루와 통깨를 뿌립니다.

미역은 한 번에 넉넉히 불리고 소분해서 냉동 보관하면 편리합니다.
먹기 전에 참기름과 다진 파를 넣으면 더 맛있어요.

김치콩나물 오트밀죽

"추운 겨울이면 어릴 적 할머니께서 만들어주신 김치죽이 생각납니다.
푹 익은 김치와 시원한 콩나물로 맛을 낸 오트밀죽으로 따뜻하고 든든하게 하루를 시작해보세요."

재료

김치 2/3컵
오트밀 30g
달걀 1개
콩나물 1줌
대파 한 뼘
참기름 1큰술

물 350ml
국간장 1큰술
국물용 다시마 1장
통깨 조금
김가루 조금

① 냄비에 참기름 1/2큰술을 두르고 송송 썬 김치를 중약불에 타지 않게 2분간 볶아요.

② 1에 물과 국간장, 국물용 다시마를 넣고 2분간 끓인 후 콩나물을 넣어요.

③ 콩나물 숨이 죽으면 오트밀과 잘게 썬 대파를 넣고 걸쭉해지도록 3~5분간 끓입니다.

④ 모자란 간은 소금으로 맞춰요.

⑤ 냄비에 따로 풀어둔 달걀을 부어요. 달걀을 젓지 않고 그대로 둡니다.

⑥ 불을 최대한 낮추고 뚜껑을 덮어 1분간 뜸 들인 후 그릇에 담아요.

⑦ 참기름 1/2큰술과 김가루, 통깨를 올립니다.

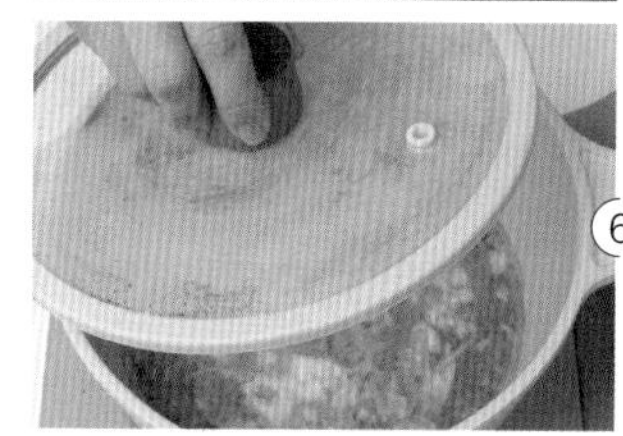

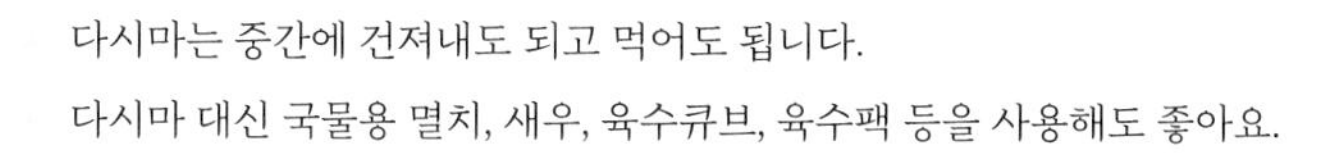
다시마는 중간에 건져내도 되고 먹어도 됩니다.
다시마 대신 국물용 멸치, 새우, 육수큐브, 육수팩 등을 사용해도 좋아요.

게맛살부추 오트밀죽

"비타민이 풍부한 부추는 무엇보다 혈액순환과 소화에 좋은 채소예요.
게맛살과 잘 어울리는 향긋한 부추를 듬뿍 넣어보세요."

재료

게맛살 70~100g
오트밀 30g
부추 40g
달걀 1개
물 350ml
굴소스 1/2큰술
후춧가루 조금
소금 조금
참기름 1작은술
검은깨 조금(생략 가능)

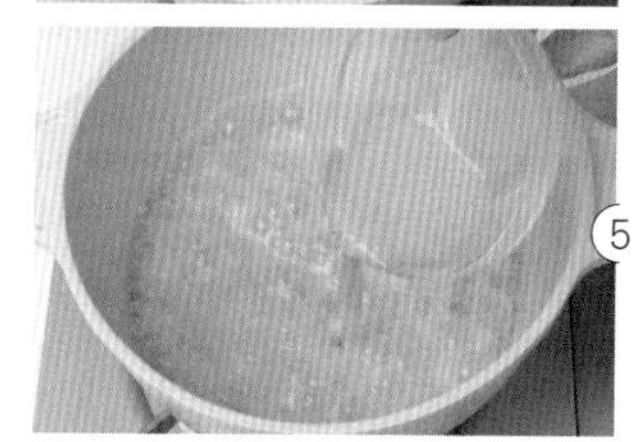

1. 물이 끓으면 가늘게 찢은 게맛살을 넣어요.
2. 부추는 깨끗이 씻어 5cm 길이로 썰어요.
3. 달걀은 그릇에 미리 풀어둡니다.
4. 1이 끓으면 오트밀을 넣고 푹 퍼질 때까지 중불에 3~5분간 끓입니다.
5. 풀어둔 달걀을 넣고 동동 떠오를 때까지 젓지 않고 그대로 둡니다.
6. 굴소스와 후춧가루를 넣고 모자란 간은 소금으로 맞춰요.
7. 마지막에 부추를 넣고 10초간 저어 숨이 죽으면 그릇에 담고 참기름과 검은깨를 뿌립니다.

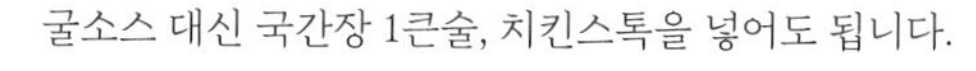

굴소스 대신 국간장 1큰술, 치킨스톡을 넣어도 됩니다.
게맛살은 밀가루 함량이 적고 어육 함량(80% 이상)이 높은 것으로 선택하세요.
부추는 너무 푹 익히면 영양소가 파괴되니 조리 마지막에 넣고 후루룩 한 번 끓으면 불을 꺼주세요.
남은 부추는 씻지 말고 신문지나 키친타월에 한 번 싸고 비닐에 넣어 냉장 보관하세요.

삼계 오트밀죽

"초간단 삼계탕 레시피예요. 단백질이 풍부한 닭가슴살로 만들어보세요."

재료

닭가슴살 1덩이
양파 1/4개
당근 1/6개
애호박 1/4개
오트밀 40g
시판용 사골육수 300~400ml
후춧가루 조금
소금 1/3작은술
쪽파 조금
통깨 조금(선택)

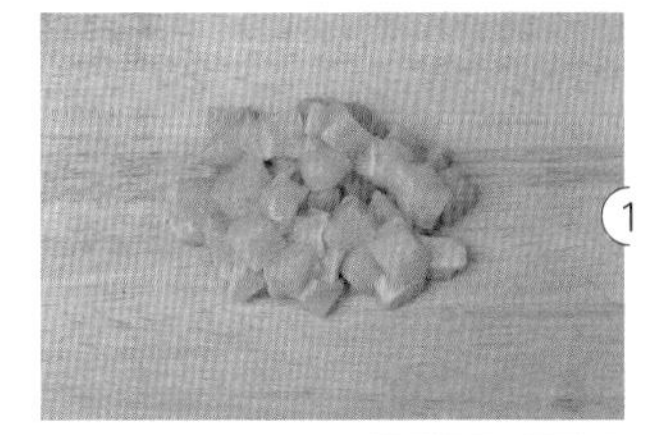
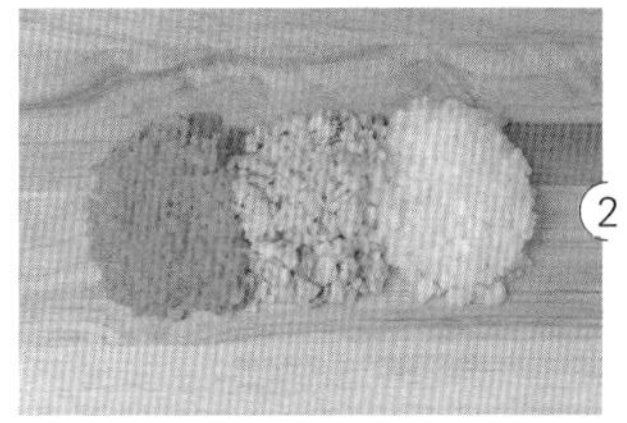

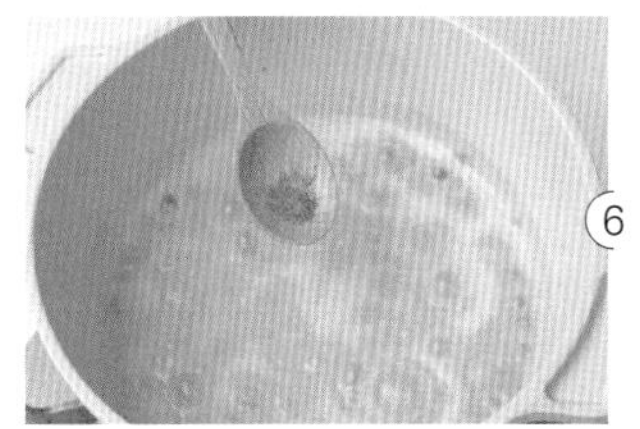

1. 닭가슴살은 1cm 두께로 깍둑썰기합니다.
2. 양파, 당근, 애호박은 잘게 다져요. 채소 다지기를 사용하면 편리합니다.
3. 냄비에 기름을 두르지 않고 닭가슴살과 다진 양파, 당근, 애호박을 약불에 2~3분간 볶아요.
4. 양파가 투명해지면 사골육수를 부어요.
5. 중불로 올리고 오트밀을 넣어 3분(밥 느낌)에서 5분(푹 퍼지게) 정도 끓여요.
6. 소금과 후춧가루로 간을 맞춥니다.
7. 송송 썬 쪽파와 통깨를 뿌립니다.

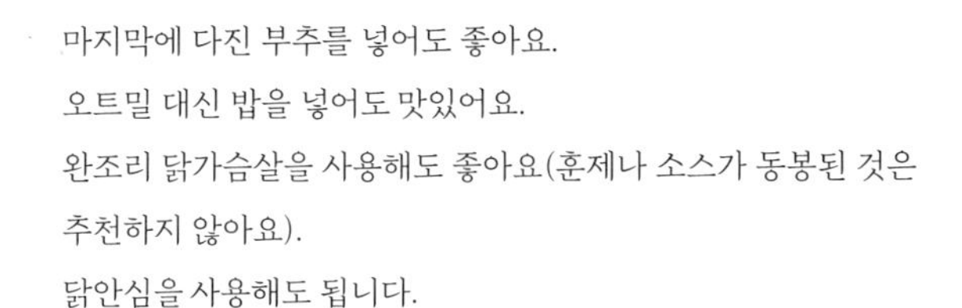

마지막에 다진 부추를 넣어도 좋아요.
오트밀 대신 밥을 넣어도 맛있어요.
완조리 닭가슴살을 사용해도 좋아요(훈제나 소스가 동봉된 것은 추천하지 않아요).
닭안심을 사용해도 됩니다.

소고기낫토 오트밀죽

"된장찌개를 좋아한다면 꼭 먹어봐야 할 메뉴예요. 찌개 종류는 밥을 많이 먹게 되죠. 콩을 발효해 만든 낫토는 식이섬유가 풍부하고 몸에 좋은 건 누구나 알지만 호불호가 있는 음식이에요. 오트밀죽에 넣으면 적당히 고소하면서 된장찌개의 감칠맛도 느낄 수 있답니다."

재료

국거리 소고기 50g	청양고추 1/2개(선택)
낫토 1팩	홍고추 1/2개(선택)
오트밀 50g	대파 1/3대
양파 1/4개	된장 1/2큰술
애호박 3cm	참기름 1큰술
표고버섯 2개	물 250ml

1. 국거리 소고기를 키친타월로 살짝 눌러 핏물을 제거합니다.
2. 냄비에 참기름을 두르고 소고기를 약불에 30초간 볶아요.
3. 볶은 소고기에 물을 붓고 된장을 풀어 중불에 보글보글 끓여요.
4. 양파와 애호박, 표고버섯은 1cm 두께로 깍둑썰기하고, 청양고추와 홍고추, 대파는 송송 썰어요.
5. 깍둑썰기한 양파와 애호박, 표고버섯, 송송 썬 청양고추를 넣고 2~3분간 끓이면서 거품을 걷어냅니다.
6. 낫토는 젓가락을 한 방향으로 저어 실이 생기도록 준비합니다.
7. 낫토와 오트밀, 송송 썬 대파, 홍고추를 넣고 약불로 3분(밥 느낌)에서 5분(푹 퍼지게) 정도 끓입니다.

매콤한 맛을 내려면 2번 과정에서 고춧가루 1/2작은술을 넣고 볶아요.
된장은 집집마다 염도가 다르니 양을 조절하세요.

샌드위치 & 롤

• 빵 없는 샌드위치 • 아보카도새우오픈샌드위치 • 브로콜리달걀샌드위치 • 셀프참치LA김밥
• 통밀토르티야랩 • 그릭요거트코울슬로샌드위치 • 밥 없는 양배추김밥
• 당근라페루콜라리코타샌드위치 • 알배추참치두부말이

빵 없는 샌드위치

"샌드위치가 너무 먹고 싶은 아침, 채소와 소스는 있는데 식빵이 없다면 아삭한 로메인 상추와 양상추로 만들어보세요.
빵 없이도 아삭아삭 너무 상큼하고 맛있는 샌드위치입니다."

재료

양상추 2장	아보카도 1/2개
로메인 상추 6장	홀그레인 머스터드 1/2큰술
양파 1/4개	올리브오일 1큰술
달걀 1개	소금 1꼬집
당근 1/4개	후춧가루 조금
게맛살 2개	

1. 양파는 0.3cm 두께로 채 썰어 홀그레인 머스터드, 올리브오일, 소금을 넣고 잘 버무려주세요.
2. 취향대로(반숙 또는 완숙) 달걀 프라이를 만듭니다.
3. 당근은 0.3cm 두께로 가늘게 채 썰고 게맛살은 결대로 찢어요.
4. 아보카도는 껍질을 벗겨 씨를 제거한 후 0.5cm 두께로 길게 썰고, 양상추는 식빵 크기로 한 장씩 떼어냅니다.
5. 랩을 깔고 양상추와 로메인 상추 3장을 겹치고 반으로 접어서 식빵 크기로 만듭니다.
6. 달걀 프라이, 아보카도 순으로 올리고 취향대로 후춧가루를 뿌립니다.
7. 1의 소스에 버무린 채 썬 양파, 당근, 찢은 게맛살 순으로 올립니다.
8. 나머지 로메인 3장을 접어 올리고 양상추로 덮어 랩으로 단단히 감싸서 자릅니다.

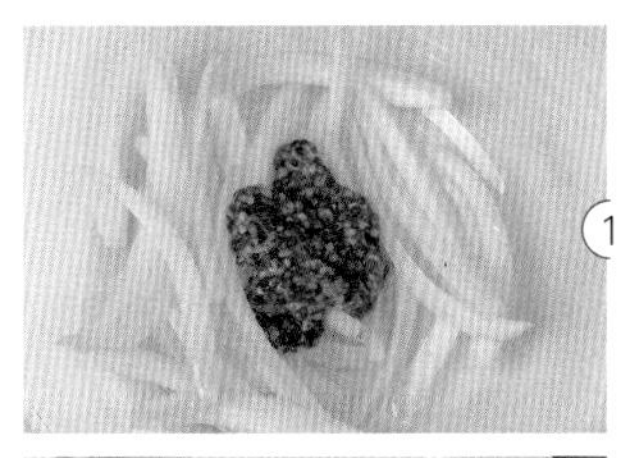

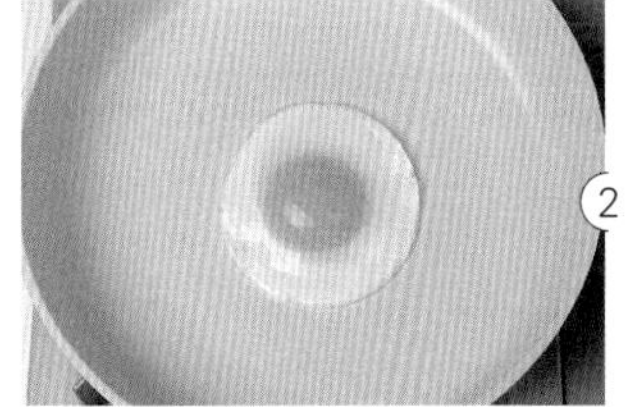

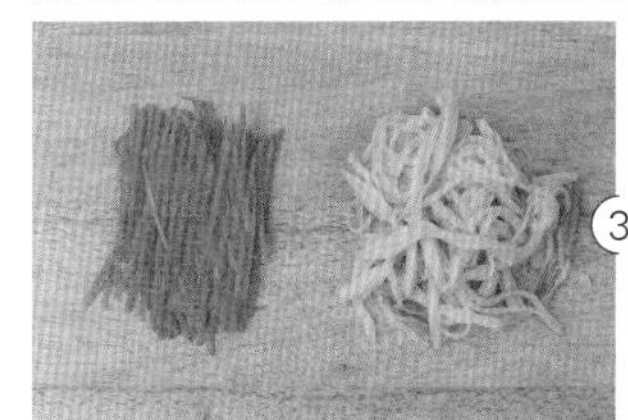

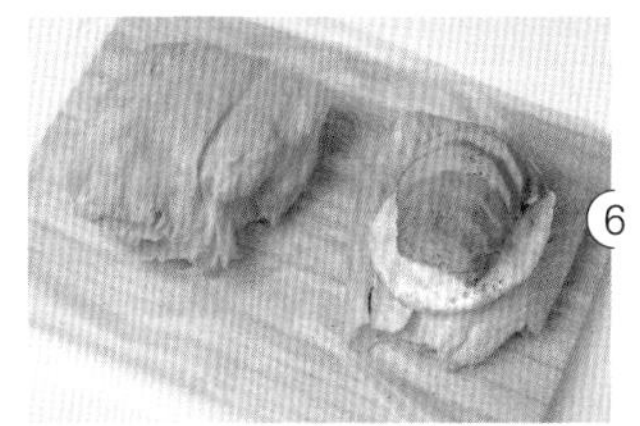

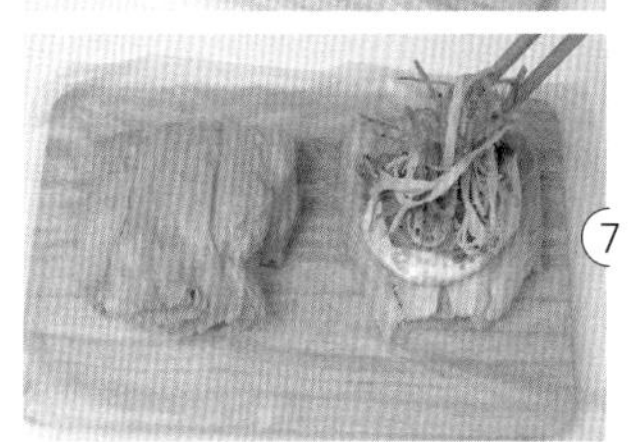

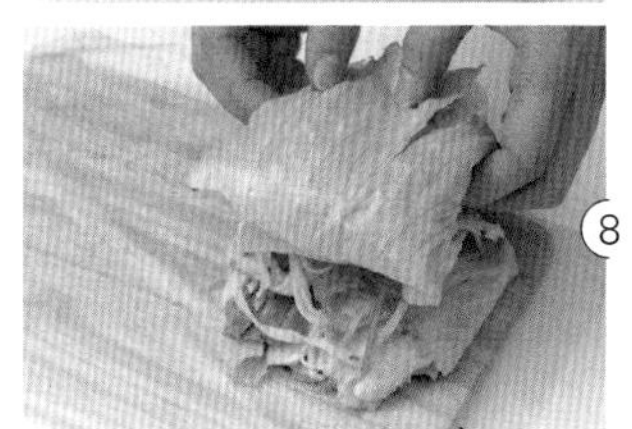

* 아보카도는 꼭지 부분을 눌러봤을 때 묵직하게 말랑하고 겉면이 검은빛 갈색을 띠면 잘 후숙된 것입니다.
* 양파는 찬물에 한 번 헹궈 키친타월로 물기를 제거하면 매운맛이 줄어듭니다.

아보카도새우 오픈샌드위치

"으깬 아보카도에 옥수수와 다진 양파를 버무렸어요. 멕시코 음식인 과카몰리 초간단 레시피입니다.
구운 새우를 올려 한입 베어 물면 아주 행복한 맛이에요. 싱싱한 토마토와 함께 아침 메뉴로 추천합니다."

재료

아보카도 1/2개
냉동새우 6마리(큰 것)
방울토마토 5개
통밀 치아바타 1장
캔 옥수수 2큰술
다진 양파 1큰술
레몬즙 1작은술
올리고당 1작은술
소금 1꼬집
후춧가루 조금
올리브오일 1작은술
홀그레인 미스터드 2작은술

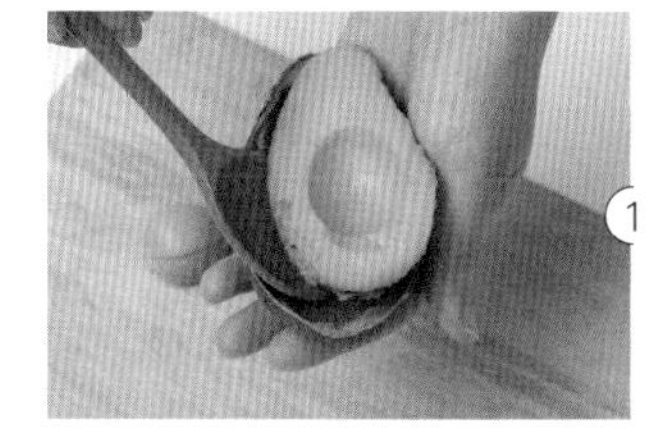

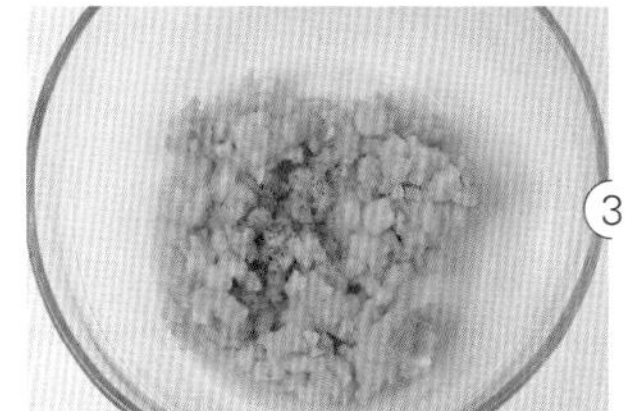

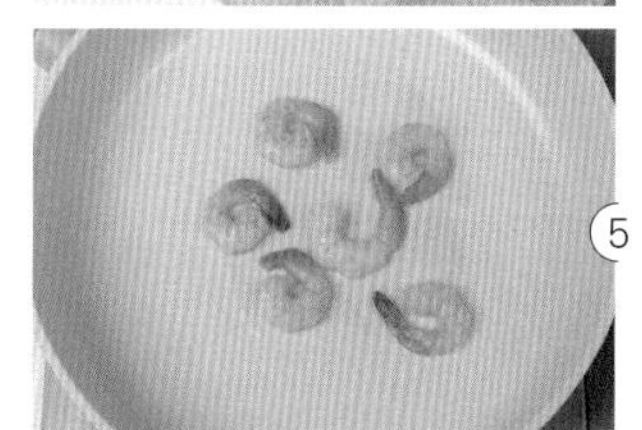

1. 후숙한 아보카도를 반으로 갈라 씨를 제거하고 숟가락으로 퍼냅니다.
2. 양파는 0.5cm 두께로 채 썰어서 잘게 다집니다. 채소 다지기를 사용하면 편리해요.
3. 볼에 으깬 아보카도, 캔 옥수수, 다진 양파, 레몬즙, 올리고당, 소금, 후춧가루를 넣고 버무립니다.
4. 통밀 치아바타는 그대로 사용하거나 구워서 홀그레인 머스터드를 얇게 펴 바릅니다.
5. 냉동새우는 해동 후 키친타월로 물기를 제거하고 팬에 올리브오일을 둘러 2~4분 구워요.
6. 치아바타에 3의 아보카도를 듬뿍 올리고 구운 새우를 올려요.
7. 싱싱한 방울토마토와 함께 냅니다.

★ 아보카도는 껍질이 검은빛 갈색을 띠고 꼭지 부분을 눌렀을 때 묵직하게 말랑할 정도로 충분히 후숙합니다. 후숙하는 데 보통 2~5일 걸려요.

★ 치아바타 대신 식빵이나 바게트에 올려 먹어도 맛있어요.

브로콜리
달걀샌드위치

"브로콜리를 싫어하는 사람도 맛있게 먹으면서 탄수화물, 단백질, 지방을 든든하게 채울 수 있어요.
탱글탱글한 새우살을 넣어 톡톡 터지는 식감이 더 좋아요."

재료

냉동새우 5마리(큰 것)
브로콜리 1/4송이(송이 부분만)
달걀 2개
통밀식빵 2장
홀그레인 머스터드 1/3큰술
저칼로리 마요네즈 1큰술
후춧가루 조금
소금 1꼬집

1. 냉동새우는 흐르는 물에 씻어서 끓는 물에 4분간 데칩니다.
2. 브로콜리는 끓는 물에 1분간 데치고 찬물에 헹궈 물기를 꼭 짭니다.
3. 달걀은 끓는 물에 12분간 완숙으로 삶아요.
4. 통밀식빵은 그대로 사용하거나 취향대로 구워요.
5. 브로콜리는 0.3~0.5cm 두께로 잘게 다지고(채소 다지기를 사용하면 편리해요), 새우는 1cm 크기로 큼직하게 썰어요.
6. 삶은 달걀을 포크로 으깨주세요.
7. 으깬 달걀에 다진 브로콜리, 새우, 저칼로리 마요네즈, 홀그레인 머스터드, 후춧가루, 소금을 넣고 부드럽게 섞어요.
8. 식빵 사이에 7을 넣고 종이호일이나 랩으로 감쌉니다.
9. 샌드위치를 반으로 잘라주세요.

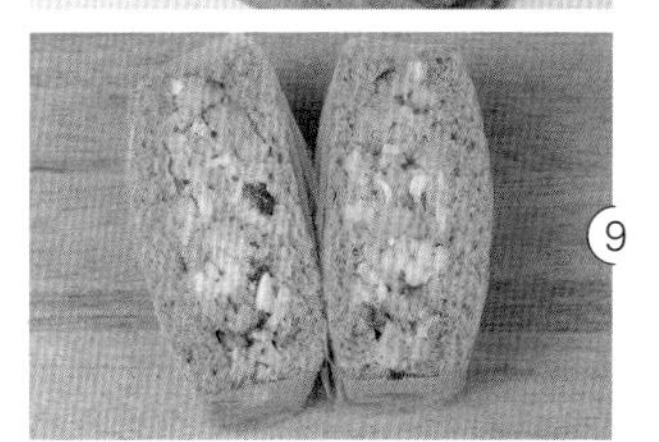

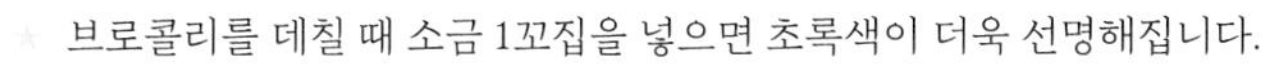

- 브로콜리를 데칠 때 소금 1꼬집을 넣으면 초록색이 더욱 선명해집니다.
- 도시락으로 만들 경우 홀그레인 머스터드를 빵 양쪽에 바르면 수분이 스며들지 않아 눅눅해지지 않아요.

셀프참치 LA김밥

"맛있는 다이어트 음식을 만드는 방법 중에 하나는 바로 김 싸 먹기예요. 아삭아삭한 채소로 밥 없이도 든든한 한 끼를 채워보세요. 하나씩 싸서 한입에 쏙쏙 넣어 먹는 재미도 있어요."

재료

참치 100g
빨강 파프리카 1/4개
노랑 파프리카 1/4개
상추 3장
당근 1/4개
채 썬 양배추 1줌
무순 20g
저칼로리 마요네즈 1큰술
후춧가루 조금
김밥용김 2장

소스

간장 1큰술
참기름 1작은술
깨 조금

1 김밥용김은 8등분으로 자릅니다.

2 참치는 숟가락으로 눌러 기름기를 짜내고 저칼로리 마요네즈와 후춧가루를 넣어 버무립니다.

3 빨강·노랑 파프리카는 씨를 제거하고 0.5cm 두께로 채 썰어요.

4 상추와 당근은 0.3cm 두께로 가늘게 채 썰어요.

5 양배추도 최대한 가늘게 채 썰어요. 슬라이서를 사용하면 편리합니다.

6 무순은 흐르는 물에 가볍게 씻어서 키친타월로 물기를 제거합니다.

7 참치와 채소들을 한 접시에 알록달록하게 담아 김에 싸서 분량의 재료를 섞어 만든 소스에 찍어 먹어요.

★ 현미밥을 싸서 먹어도 맛있어요.
★ 참치 대신 게맛살이나 닭가슴살로 만들어도 됩니다.
★ 깻잎, 토마토, 아보카도, 양파 등 냉장고 속 채소를 활용합니다.

통밀 토르티야랩

“사과와 게맛살의 조화가 최고예요. 마요네즈 양을 줄이고 그릭요거트를 넣어 더욱 상큼합니다.
나들이 도시락으로 토르티야랩을 만들어보세요.”

재료

게맛살 3개
통밀 토르티야 1장(25cm)
청상추 6장
노랑 파프리카 1/4개
적양배추 1장
사과 1/4개

저칼로리 마요네즈 1/2큰술
그릭요거트 1큰술
홀그레인 머스터드 1작은술
후춧가루 조금

2

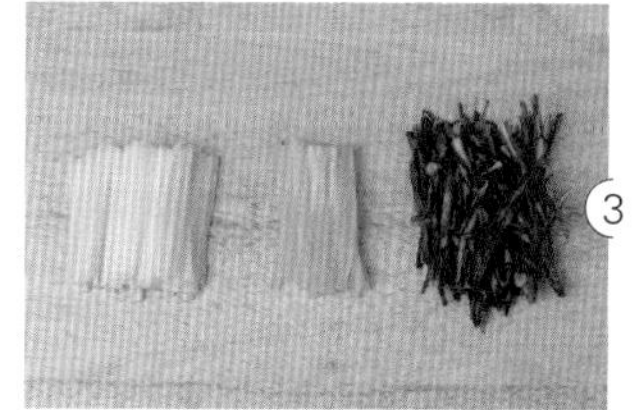

3

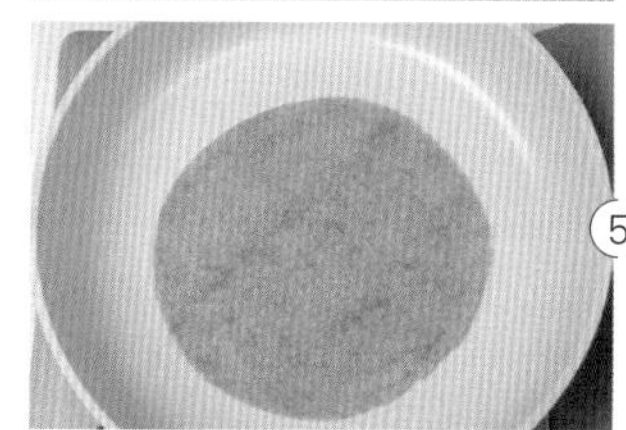

5

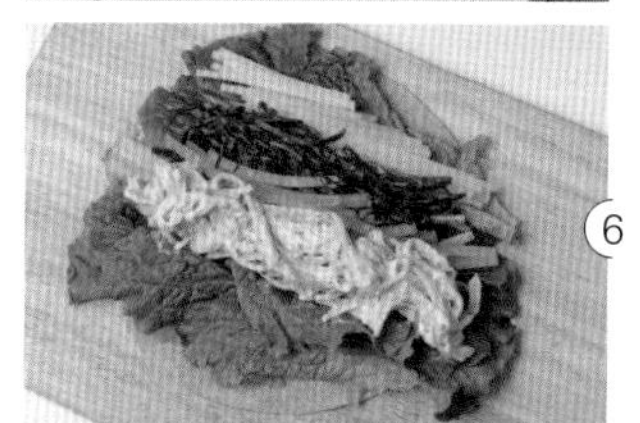

6

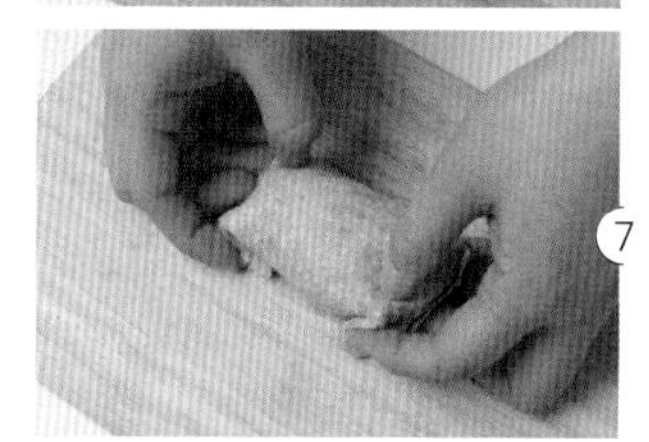

7

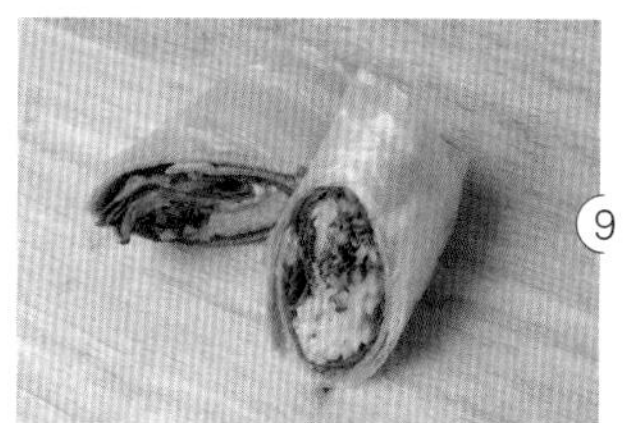

9

1. 게맛살은 가닥가닥 가늘게 찢어요.
2. 게맛살에 저칼로리 마요네즈, 그릭요거트, 홀그레인 머스터드, 후춧가루를 넣고 버무립니다.
3. 적양배추와 노랑 파프리카, 사과는 0.3cm 두께로 가늘게 채 썰어요.
4. 청상추는 깨끗이 씻어서 탈탈 털고 키친타월로 물기를 완전히 제거합니다.
5. 팬에 기름을 두르지 않고 토르티야를 앞뒤로 10초씩 뒤집어가며 살짝 구워요.
6. 토르티야 1장에 청상추 6장을 깔고 채 썬 사과, 적양배추, 파프리카, 소스에 버무린 게맛살을 올려요.
7. 김밥처럼 말아줍니다. 재료가 튀어나오지 않도록 양옆을 접어주세요. 너무 힘주어 터지지 않도록 주의하세요.
8. 종이호일에 한 번 더 싸서 테이프를 붙여 고정합니다.
9. 통밀토르티아랩을 사선으로 자르면 모양이 더 예뻐요.

* 게맛살은 밀가루 함량이 적고 어육 함량이 높은 것으로 선택하세요.
* 적양배추 대신 일반 양배추를 사용해도 됩니다.

그릭요거트 코울슬로샌드위치

"채 썬 양배추를 마요네즈에 버무린 코울슬로. 마요네즈가 부담스럽다면 양을 반으로 줄이고 그릭요거트를 넣어보세요. 구운 통밀 식빵이나 모닝빵 속에 코울슬로를 넣어 샌드위치로 만들어 먹어요."

재료

모닝빵 2개
양배추 1/6통
당근 1/3개
소금 4~5꼬집
저칼로리 마요네즈 2큰술
그릭요거트 2큰술
홀그레인 머스터드 1큰술
올리고당 1큰술
레몬즙 2큰술(또는 식초)
후춧가루 조금

1. 양배추는 0.2cm 두께로 가늘게 채 썰어요. 슬라이서를 이용하면 편리합니다.
2. 당근도 0.2cm 두께로 채 썰어요.
3. 채 썬 양배추는 여러 번 씻어서 체에 받쳐 물기를 뺍니다.
4. 물기가 적당히 있는 상태에서 채 썬 양배추에 소금을 뿌리고 손으로 가볍게 섞어 10분간 재웁니다.
5. 소금에 재운 양배추를 면보에 싸서 물기를 꽉 짜냅니다. 소금기를 물에 헹구면 안 됩니다.
6. 볼에 저칼로리 마요네즈, 그릭요거트, 홀그레인 머스터드, 올리고당, 레몬즙(또는 식초), 후춧가루를 넣고 섞어줍니다.
7. 6에 채 썬 양배추와 당근을 넣고 버무립니다.
8. 모닝빵을 반으로 갈라 코울슬로를 듬뿍 채웁니다.

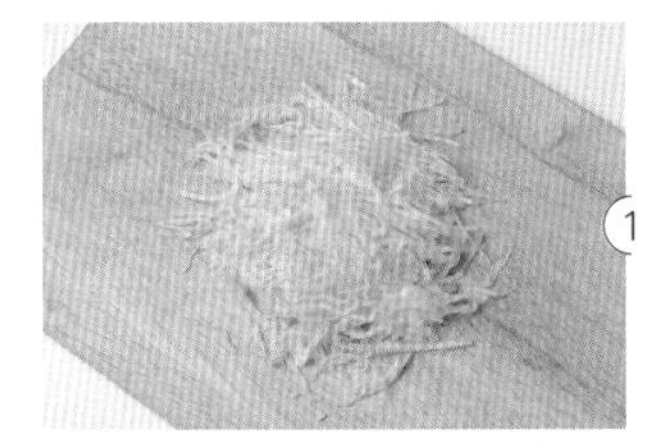

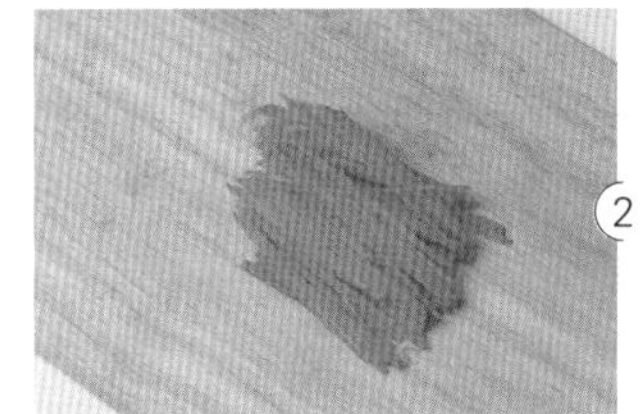

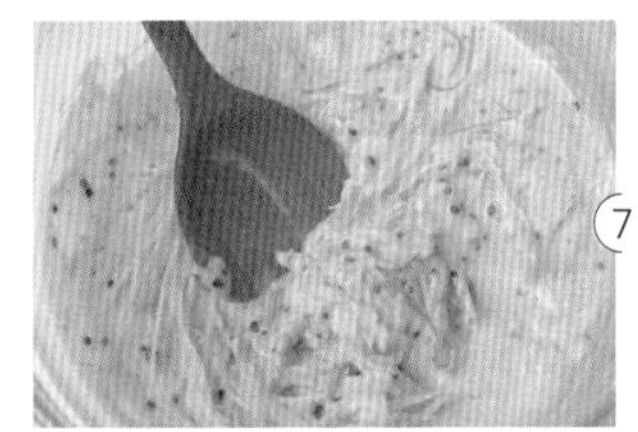

* 꾸덕한 그릭요거트가 아닌 일반 플레인 요거트는 조금 묽을 수 있어요.
* 여러 번 먹을 수 있는 양입니다.

밥 없는 양배추김밥

"김밥에는 밥이 많이 들어가서 부담스럽죠. 하지만 김밥에 꼭 밥을 넣지 않아도 됩니다.
밥 없이도 충분히 맛있는 김밥을 만들 수 있어요. 저탄수화물 김밥을 만들어서 가볍게 먹어보세요."

재료

양배추 3장(손바닥 크기)
달걀 2개
게맛살 2개
당근 1/4개
부추 1줌
슬라이스 치즈 1장
김밥용김 1장
참기름 1/2큰술
소금 1꼬집

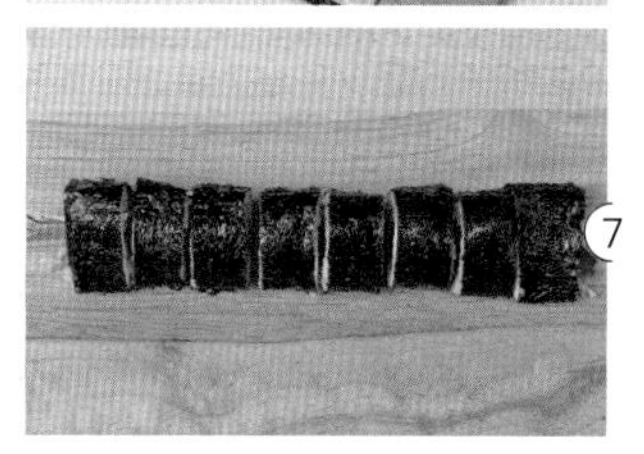

1. 양배추는 끓는 물에 2분간 데친 후 체에 받쳐 식힙니다.
2. 게맛살은 결대로 찢고, 당근은 0.3cm 두께로 가늘게 채 썰어요.
3. 달걀은 소금을 1꼬집 넣고 잘 풀어서 얇게 부친 후 충분히 식혀 0.3cm 두께로 가늘게 채 썰어요
4. 부추는 깨끗이 씻어서 물기를 완전히 제거합니다.
5. 김밥용김 1장을 펼치고 삶은 양배추, 게맛살, 달걀 지단, 채 썬 당근, 부추를 올립니다.
6. 슬라이스 치즈는 반으로 잘라 김 끝부분에 놓고 접착이 잘되도록 말아주세요.
7. 김에 참기름을 한 번 바르고 도톰하게 썰어요.

- 양배추의 굵은 심지는 따로 모아두었다가 주스 만들 때 넣어요.
- 부추 대신 상추, 깻잎, 케일, 시금치 등 푸른 채소를 넣어도 됩니다.
- 김밥이 잘 터진다면 2장을 이어서 단단하게 말아주세요.

당근라페루콜라 리코타샌드위치

"당근 1개로 샌드위치 2~3개를 만들 수 있어요. 당근을 싫어하는 사람도 프랑스식 당근 샐러드인 당근 라페에 푹 빠질 거예요. 만들어서 바로 먹어도 맛있고 하루 숙성하면 올리브오일의 풍미가 더 좋아져요."

재료

당근 200g(중간 크기 1개)
달걀 1개
통밀식빵 2장
리코타 치즈 2큰술
루콜라 30g

소스

올리브오일 4큰술
레몬즙 2큰술
홀그레인 머스터드 1큰술
올리고당 1큰술
후춧가루 2꼬집
소금 2꼬집

1. 당근은 0.3~0.5cm 두께로 가늘게 채 썰어요. 채칼을 사용하면 편리합니다.
2. 채 썬 당근에 분량의 소스 재료를 넣고 버무려서 냉장고에 4시간 이상 숙성합니다.
3. 달걀 프라이(완숙)를 만들어 식힙니다.
4. 통밀식빵은 그대로 사용하거나 취향대로 구워 한 김 식히고 빵 양쪽에 리코타 치즈를 펴 발라요.
5. 루콜라는 식빵 길이에 맞춰 길게 썰어요.
6. 식빵 1장에 2의 당근 라페와 루콜라를 듬뿍 올려요.
7. 달걀 프라이를 올리고 나머지 식빵 1장을 덮어요.
8. 종이호일이나 매직랩으로 샌드위치를 싸고 사선으로 자릅니다.

2

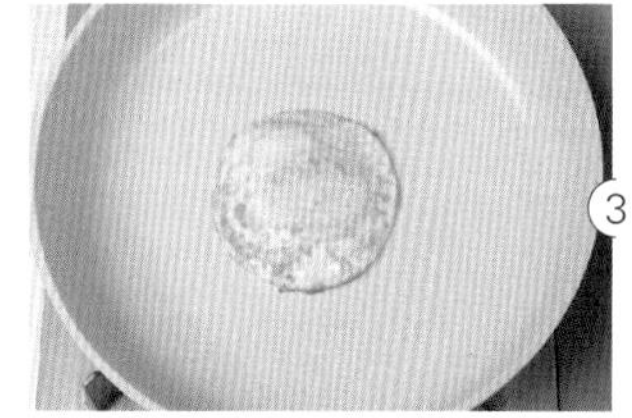
3

4

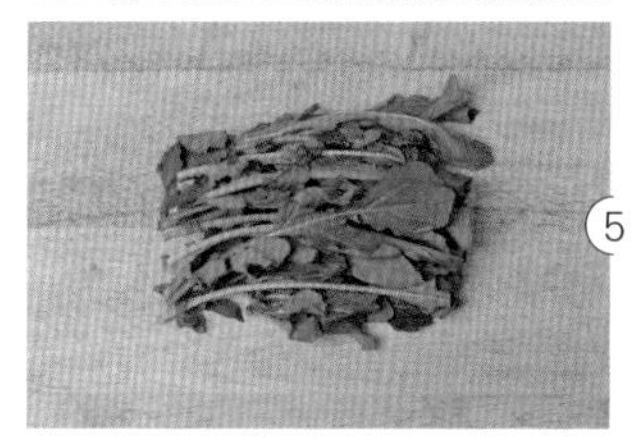
5

6

7

★ 올리고당은 스테비아 1/4큰술 또는 꿀 1큰술로 대체 가능합니다.
★ 레몬즙은 식초 2큰술로 대체해도 됩니다.

알배추참치 두부말이

"섬유질과 비타민이 가득하고 달큰한 알배추에 참치와 두부로 속을 채웠어요.
칼로리는 낮고 포만감은 채워주는 알배추는 사계절 먹을 수 있어 다이어트에 딱이에요."

재료

알배추 4~5장
두부 100g
참치 1/2캔
깻잎 4장
현미밥 100g
청양고추 1개(선택)
저칼로리 마요네즈 1큰술
소금 2꼬집
후춧가루 조금

1. 알배추는 끓는 물에 1분간 데친 후 찬물에 헹궈 물기를 꽉 짜냅니다.
2. 청양고추는 반으로 갈라 씨를 빼고 잘게 다져요.
3. 참치는 체에 받쳐 기름기를 뺍니다.
4. 두부는 면보에 싸서 물기를 꽉 짜냅니다.
5. 현미밥에 다진 청양고추, 참치, 두부, 저칼로리 마요네즈, 소금, 후춧가루를 넣고 골고루 섞어요.
6. 배추는 잎사귀 부분이 세로로 살짝 겹치도록 길게 펼칩니다.
7. 배추 줄기 부분에 깻잎을 올리고 5의 밥을 올립니다.
8. 김밥처럼 말아서 썰어요.

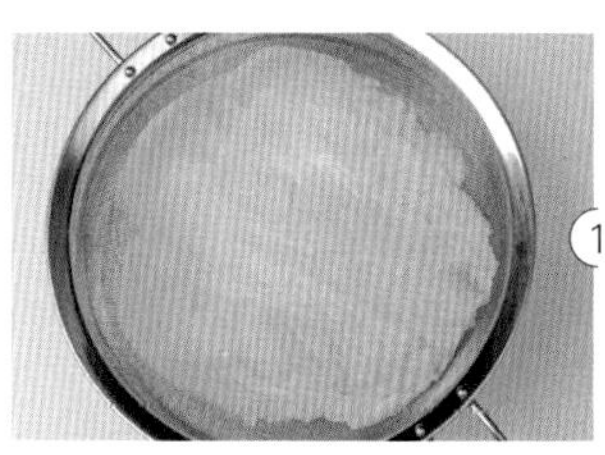

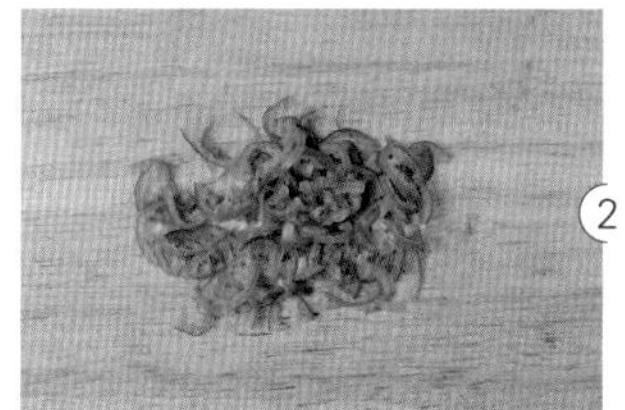

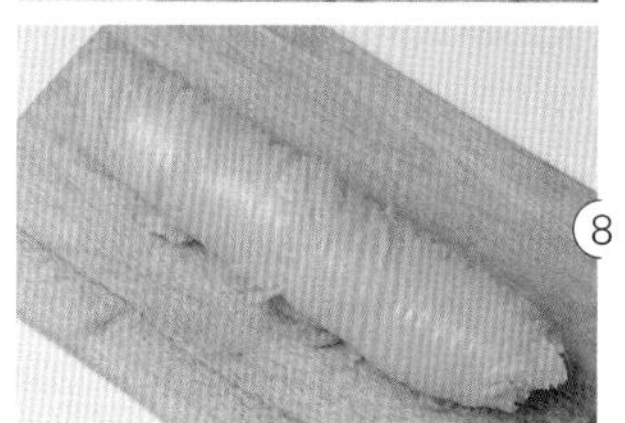

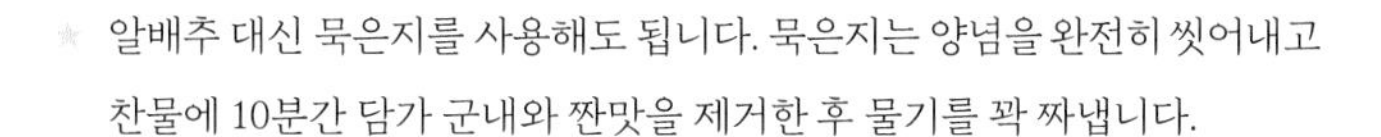
★ 알배추 대신 묵은지를 사용해도 됩니다. 묵은지는 양념을 완전히 씻어내고 찬물에 10분간 담가 군내와 짠맛을 제거한 후 물기를 꽉 짜냅니다.

간식 & 안주

DIET

- 밀가루 없는 달걀피자
- 밀가루 없는 감자전
- 닭가슴살소시지곤약꼬치
- 미니단호박에그슬럿
- 닭가슴살소시지롤도그
- 삼색파프리카참치전
- 닭가슴살만두강정
- 느타리버섯게맛살전
- 닭가슴살비엔나소시지볶음
- 곤약양배추떡볶이
- 라이스페이퍼고구마치즈스틱
- 베트남피자반짱느엉
- 통밀토르티야고구마피자
- 밀가루 없는 부추전

밀가루 없는 달걀피자

"다이어트 중에 가장 먹고 싶은 음식, 하지만 살찔까 봐 두려운 음식 중에 하나인 피자.
밀가루 없이 달걀로 도우를 만들면 부담 없이 먹을 수 있어요."

재료

달걀 3개
닭가슴살 소시지 1개
토마토소스 2큰술
양파 1/4개
청피망 1/3개
방울토마토 5개
캔 옥수수 1큰술
모차렐라 치즈 100~200g
올리브오일 조금
파슬리 가루 조금

1. 그릇에 달걀을 풀고, 양파는 0.5cm 두께로 채 썰어 잘게 다져서 달걀에 섞어요.
2. 팬에 올리브오일을 두르고 달걀물을 앞뒤로 도톰하게 구운 후 불을 끄세요.
3. 청피망은 0.3cm 두께로 얇게 통썰기하고 방울토마토는 반으로 썰어요.
4. 닭가슴살 소시지는 0.5cm 두께로 통썰기를 해요.
5. 부친 달걀 위에 토마토소스를 얇게 펴 발라요.
6. 캔 옥수수, 통썰기한 피망, 닭가슴살 소시지, 방울토마토를 올리고 모차렐라 치즈를 뿌립니다.
7. 뚜껑을 덮고 약불에 2분간 익히고 치즈가 녹으면 파슬리 가루를 뿌려요.

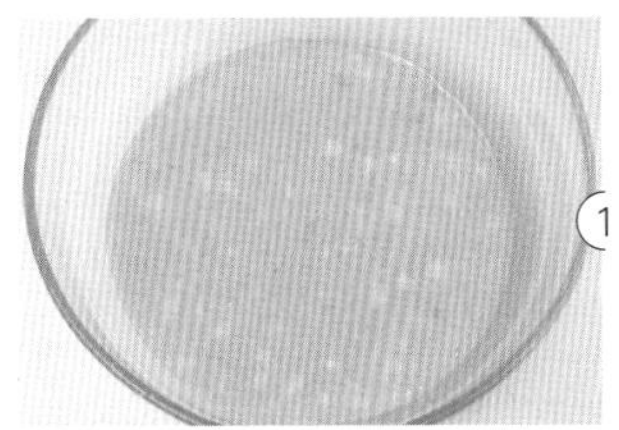

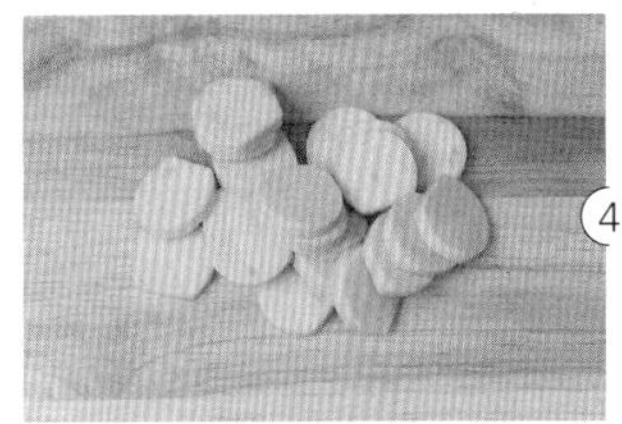

- 토마토소스 대신 케첩이나 스파게티 소스를 펴 발라도 됩니다.
- 가지, 버섯, 파프리카 등 냉장고에 있는 자투리 채소를 활용해보세요.
- 한 뼘 크기의 작은 프라이팬에 도톰하게 달걀 도우를 구워보세요.
- 토핑 재료를 따로 볶아서 올려도 좋아요.

밀가루 없는 감자전

"밀가루 없이도 포슬포슬 고소한 감자전을 만들 수 있어요. 케첩을 찍어 먹으면 감자튀김 같고 간장을 찍어 먹으면 한식 느낌이 납니다. 취향대로 소스를 찍어 먹어요."

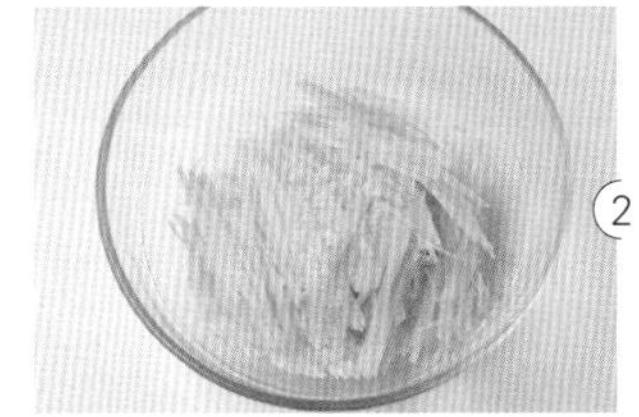

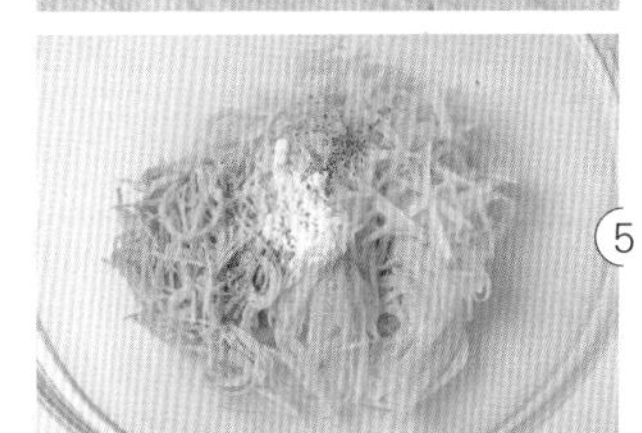
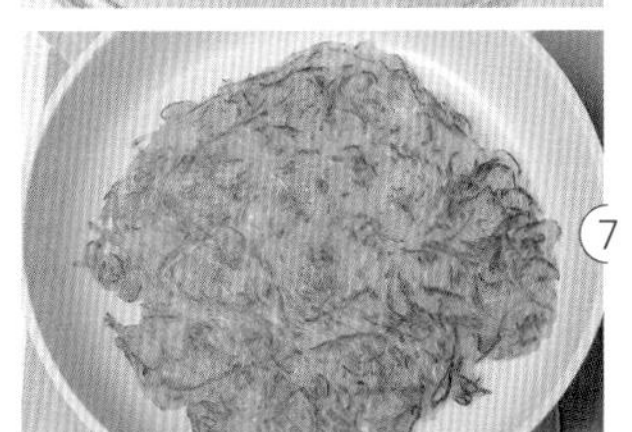

재료

감자 2개
감자 전분 1/2큰술(선택)
닭가슴살 슬라이스 햄 2장
모차렐라 치즈 50g
소금 2꼬집
후춧가루 조금
올리브오일 3큰술
파슬리 가루 조금

소스

저칼로리 케첩 조금(또는 간장)

1. 감자는 껍질을 벗기고 채칼로 감자채를 만들어요. 채칼이 없다면 최대한 얇게 채썰기를 해요.
2. 감자채에 소금을 골고루 버무려 10분간 재워둡니다.
3. 감자에 소금 간이 배면 손으로 가볍게 물기를 짜냅니다. 물에 헹구지 않아요.
4. 닭가슴살 슬라이스 햄은 감자 두께로 가늘게 채 썰어요.
5. 볼에 감자채, 닭가슴살 슬라이스 햄, 감자 전분을 담고 후춧가루를 뿌려 골고루 섞어요.
6. 팬에 올리브오일을 두르고 반죽을 얼기설기 올려요. 감자채 사이로 기름이 들어가면 더욱 바삭합니다.
7. 가장자리가 노릇해지면 뒤집어서 2~3분간 구워요.
8. 감자전 위에 모차렐라 치즈를 올리고 파슬리 가루를 뿌린 후 치즈가 녹을 때까지만 구워요.

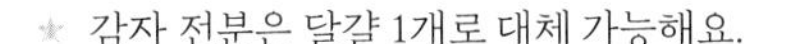
감자 전분은 달걀 1개로 대체 가능해요.

닭가슴살소시지 곤약꼬치

"고속도로 휴게소에 들르면 꼭 먹고 싶은 간식 소떡소떡. 소시지와 떡을 튀겨 새콤달콤한 소스를 발라 먹으면 너무 맛있죠. 닭가슴살 소시지와 곤약으로 다이어트용 소떡소떡을 만들어보세요."

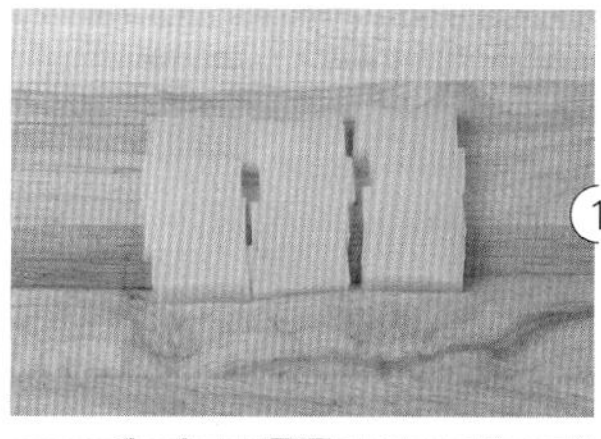

재료

닭가슴살 비엔나 소시지 10개
곤약 1/3개
올리브오일 2큰술
파슬리 가루 조금

소스

고추장 1/2큰술
올리고당 1/2큰술
저칼로리 케첩 1큰술
생수 2큰술
간장 1작은술
다진 마늘 1작은술

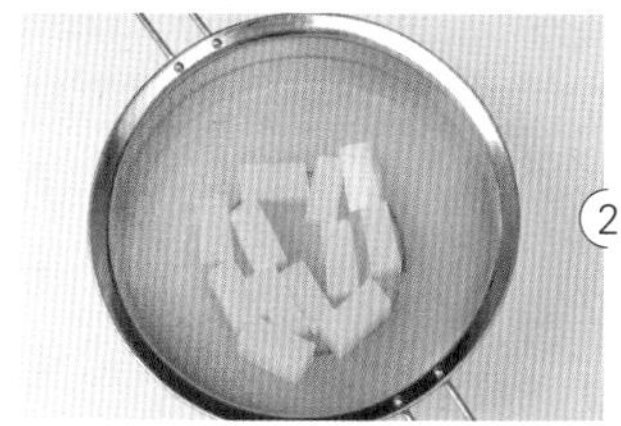

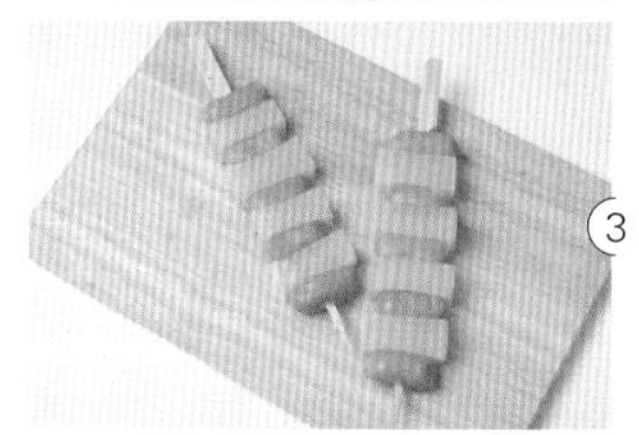

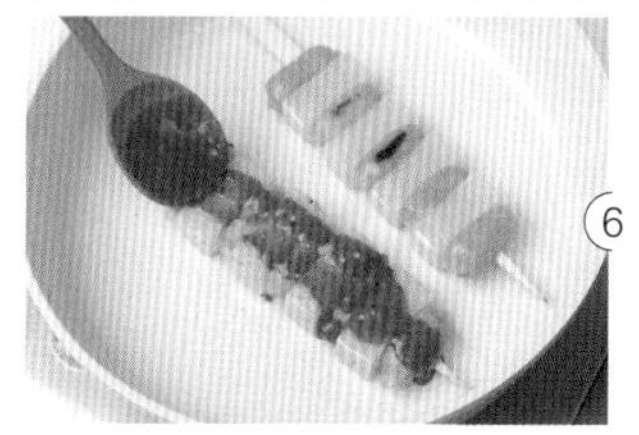

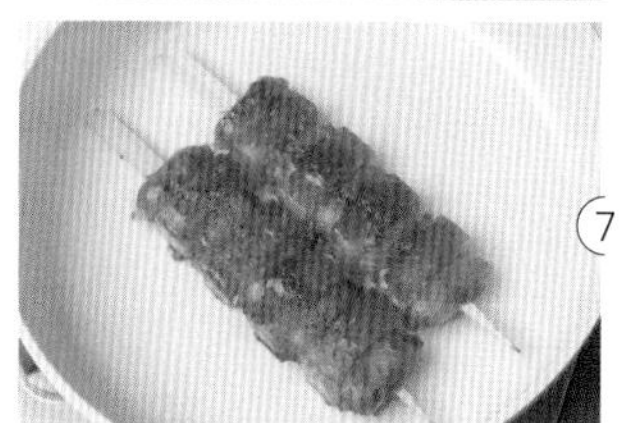

1. 곤약은 닭가슴살 비엔나 소시지와 비슷한 크기로 썰어요.
2. 끓는 물에 곤약을 넣고 10초간 데쳐서 찬물로 헹군 후 체에 받쳐 물기를 뺍니다.
3. 나무꼬치에 닭가슴살 비엔나 소시지와 곤약을 번갈아 꽂아요.
4. 볼에 분량의 재료를 섞어서 소스를 만듭니다.
5. 팬에 올리브오일을 두르고 꼬치를 앞뒤로 2~3분간 구워요.
6. 구운 소떡소떡에 소스를 앞뒤로 발라가며 약불로 조리듯이 구워요.
7. 마지막에 파슬리 가루를 솔솔 뿌립니다.

★ 끓는 물에 곤약을 데치면 특유의 냄새를 제거할 수 있어요.
★ 대파, 파프리카 등 채소를 함께 끼워서 구우면 더 맛있는 건강식이 됩니다.

미니단호박 에그슬럿

"달달한 단호박 속에 고소한 달걀과 치즈, 베이컨을 꽉 채워 든든하고 감칠맛까지 충족합니다.
전자레인지로 뚝딱 만드는 초간단 메뉴예요."

재료

미니 단호박 1개(한 손 크기)
베이컨 1줄
달걀 2개
모차렐라 치즈 50~100g
슬라이스 체다치즈 1장
후춧가루 조금
파슬리 가루 조금

단호박 세척용

베이킹소다 1큰술
식초 1큰술

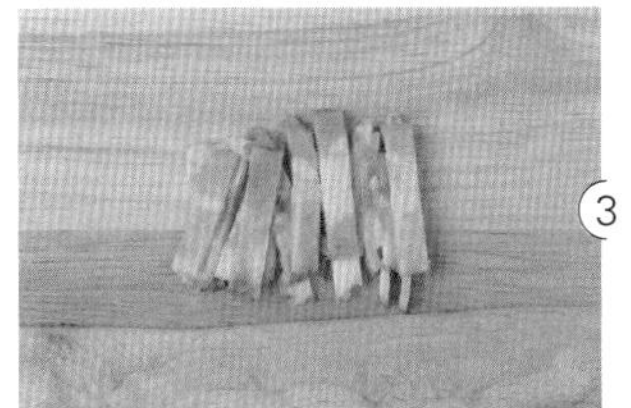

1. 물에 베이킹소다와 식초를 풀고 단호박을 5분간 담갔다가 흐르는 물에 뽀득뽀득 씻은 후 전자레인지에 2분 정도 익혀요.
2. 익힌 단호박은 꼭지가 있는 단면을 자른 후(뜨겁고 미끄러우니 조심하세요) 숟가락으로 씨를 파냅니다.
3. 베이컨은 0.5cm 두께로 채 썰어요.
4. 속을 파낸 단호박에 달걀 2개를 넣고 젓가락으로 노른자를 터트립니다.
5. 단호박 속 달걀에 후춧가루를 뿌립니다.
6. 채 썬 베이컨을 넣고 모차렐라 치즈로 속을 가득 채워요.
7. 슬라이스 체다치즈를 넣고 전자레인지용 그릇에 담아 3분간 구워줍니다.
8. 에어프라이어나 오븐에 넣어 치즈 겉면이 바삭할 정도로 180도에 7분간 구운 후 파슬리 가루를 솔솔 뿌립니다. 전자레인지만 사용할 경우 10분간 익힙니다.

☆ 단호박은 껍질째 먹어야 하니 세척에 신경 써주세요.
☆ 노른자를 터트리지 않으면 전자레인지 속에서 터질 수 있어요.
☆ 단호박 크기와 제품 사양에 따라 시간을 조절하세요.

닭가슴살 소시지롤도그

"핫도그와 프렌치토스트의 만남이에요. 통밀식빵에 탱탱한 소시지와 치즈를 넣어 굽고 아메리카노, 샐러드와 함께 차려내면 근사한 아침 메뉴가 됩니다."

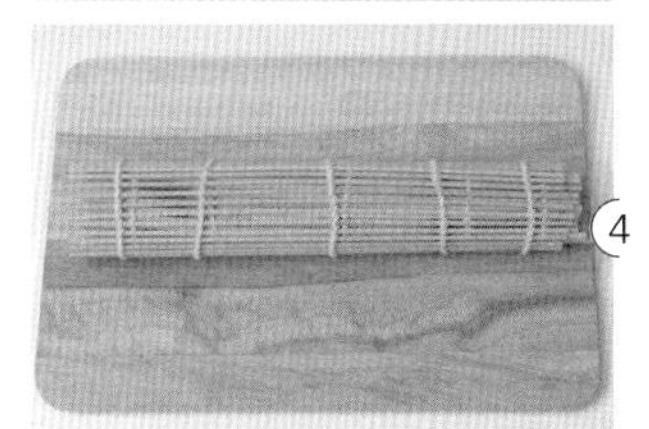

재료

통밀식빵 2장
달걀 1개
우유 100ml(또는 두유)
닭가슴살 소시지 2개
슬라이스 치즈 1장
올리브오일 1큰술
샐러드채소믹스 조금
방울토마토 3개

소스

저칼로리 케첩 조금
저칼로리 머스터드 조금

1. 통밀식빵은 테두리를 잘라냅니다.
2. 밀대나 유리병으로 통밀식빵을 납작하게 밀어주세요.
3. 통밀식빵에 슬라이스 치즈 1/2장을 놓고 닭가슴살 소시지를 올려 돌돌 말아주세요.
4. 김발로 싸서 5분간 고정해둡니다.
5. 롤도그가 잠길 만한 크기의 그릇에 달걀과 우유를 섞어서 풀어요.
6. 달걀물에 4의 롤도그를 넣고 골고루 촉촉하게 적셔주세요.
7. 팬에 올리브오일을 두르고 식빵의 이음새 부분이 팬에 닿도록 올린 후 중약불에 2~3분간 굴려가며 노릇하게 구워요.
8. 구운 롤도그를 김밥처럼 썰고 샐러드채소믹스, 방울토마토, 저칼로리 케첩, 저칼로리 머스터드와 함께 냅니다.

삼색파프리카 참치전

"알록달록 예쁜 파프리카전이에요. 찬밥이 있다면 밥전으로 만들어도 맛있어요. 지글지글 부친 고소한 전이 먹고 싶을 때 조금은 부담 없이 참치와 두부로 단백질을 든든하게 채워보세요."

재료

참치 1캔
두부 100g
빨강 파프리카 1/2개
노랑 파프리카 1/2개
청피망 1/2개
양파 1/4개
달걀 2개
감자 전분 1큰술(또는 밀가루)
소금 2꼬집
후춧가루 조금
올리브오일 2큰술

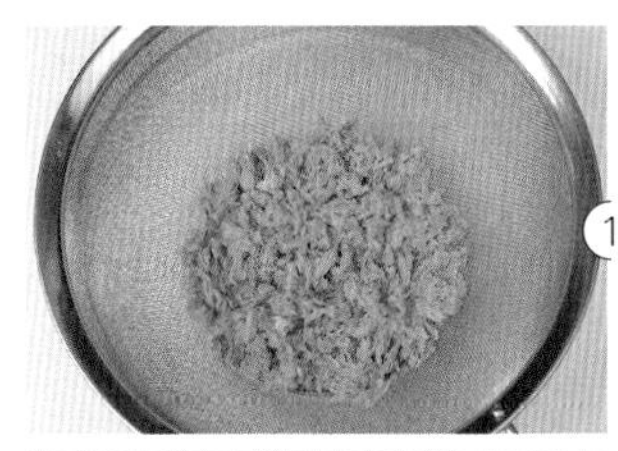

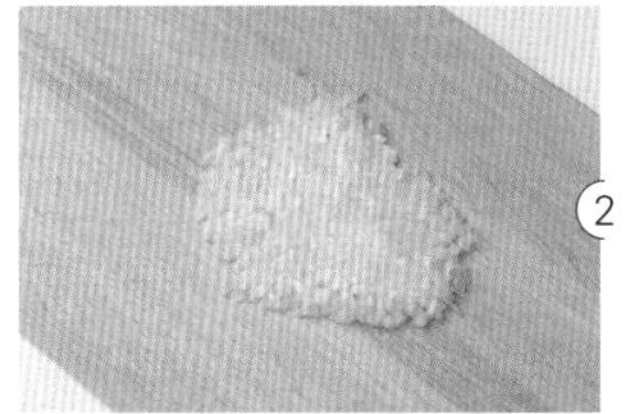

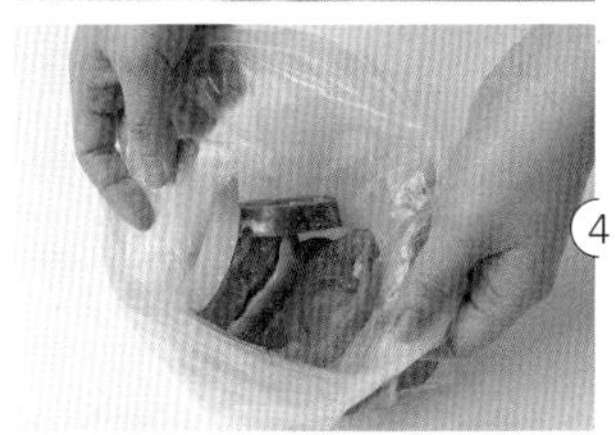

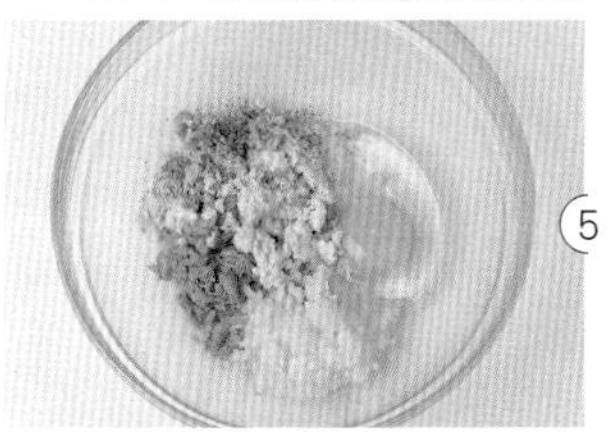

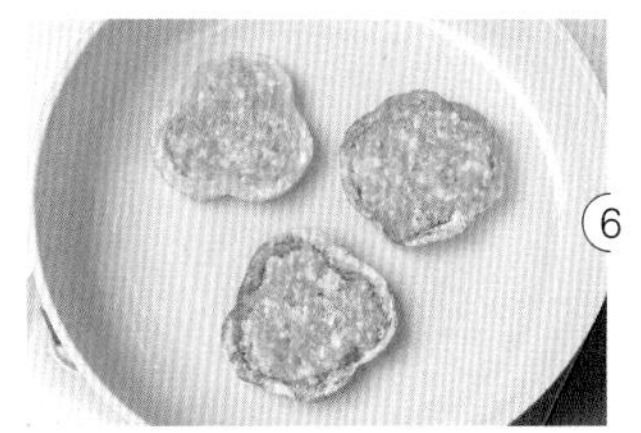

1. 참치는 체에 받쳐 기름기를 짜냅니다.
2. 양파는 0.5cm 두께로 채 썰어 잘게 다져요.
3. 두부는 면보에 싸서 물기를 최대한 짜냅니다.
4. 빨강·노랑 파프리카, 청피망은 1cm 두께로 통썰기하고 비닐팩에 감자 전분과 함께 넣어 흔들어줍니다.
5. 볼에 참치, 두부, 달걀, 다진 양파, 소금, 후춧가루를 넣고 골고루 섞어요.
6. 팬에 올리브오일을 두르고 파프리카와 청피망을 올린 다음 5의 속재료를 숟가락으로 떠서 속을 채워요.
7. 숟가락으로 꼼꼼히 눌러 파프리카 안쪽까지 꽉 채워서 구워요.
8. 한두 번 뒤집고 나서 약불로 줄이고 겉면을 노릇하게 구워줍니다.

☆ 파프리카에 감자 전분을 묻히면 속재료가 잘 붙어요.

닭가슴살
만두강정

"닭가슴살 만두로 매콤달콤한 닭강정처럼 만들어보았어요. 바삭하게 구운 만두를 소스에 조리면 완성!
요린이들도 꼭 도전해보세요."

재료

닭가슴살 만두 6개
올리브오일 2큰술
견과류 20g

소스

저칼로리 케첩 1큰술
고추장 1작은술
간장 1/2큰술
올리고당 1큰술
대파 1/3대
물 2큰술

1. 냉동 닭가슴살 만두는 조리하기 30분 전에 꺼내 해동합니다.
2. 팬에 올리브오일을 두르고 만두를 중불에 앞뒤로 노릇하게 구워요.
3. 대파는 0.2cm 두께로 얇게 송송 썰어요.
4. 볼에 분량의 재료를 섞어 소스를 만들어요.
5. 닭가슴살 만두가 바삭하게 익으면 소스를 붓고 2분간 조립니다.
6. 견과류는 손으로 뚝뚝 부수거나 칼로 잘게 다져요.
7. 닭가슴살만두강정을 그릇에 담고 견과류를 뿌립니다.

느타리버섯 게맛살전

"밀가루 없이 만드는 버섯전이에요. 느타리버섯을 가늘게 찢어 마치 고기처럼 쫄깃한 식감을 느낄 수 있어요.
느타리버섯은 대장 내 콜레스테롤 흡수를 낮춰주는 몸에 좋은 식품입니다."

재료

느타리버섯 150g
게맛살 100g
부추 30g
달걀 2개
당근 1/6개
후춧가루 조금
소금 조금
올리브오일 조금

1. 느타리버섯은 세로로 길게 찢어요.
2. 끓는 물에 찢은 느타리버섯을 10초간 데칩니다.
3. 데친 느타리버섯을 찬물에 헹궈 물기를 손으로 꼭 짜냅니다.
4. 부추는 4~5cm 길이로 썰고, 당근은 0.3cm 두께로 가늘게 채 썰어요.
5. 게맛살도 버섯 두께로 길게 찢어요.
6. 볼에 데친 느타리버섯, 채 썬 당근, 부추, 게맛살, 달걀, 소금, 후춧가루를 넣고 골고루 섞어요.
7. 팬에 올리브오일을 두르고 한 숟가락씩 떠서 동그랗게 부칩니다.

★ 찬밥을 넣어 밥전을 만들어 먹어도 맛있어요.

닭가슴살 비엔나소시지볶음

"다이어트 중에 맥주 한잔하고 싶을 때 채소를 듬뿍 넣어서 만들어보세요."

재료

닭가슴살 비엔나 소시지 100g(1봉지)
양파 1/2개
노랑 파프리카 1/4개
양송이버섯 3개
청피망 1/4개
당근 1/5개
올리브오일 2큰술
통깨 조금

소스

저칼로리 케첩 2큰술
스리라차 소스 1/2큰술
스테이크 소스 1큰술
올리고당 1큰술
물 1큰술
후춧가루 조금

1. 닭가슴살 비엔나 소시지는 사선으로 2~3개 칼집을 넣어요.
2. 양파는 소시지와 비슷한 엄지손가락 크기로 굵직하게 썰어요.
3. 노랑 파프리카와 청피망은 씨를 제거하고 양파와 같은 크기로 썰어요.
4. 당근은 길게 반으로 잘라 0.2cm 두께로 납작하게 반달썰기하고 양송이버섯은 반으로 썰어요.
5. 볼에 분량의 재료를 섞어서 소스를 만듭니다.
6. 팬에 올리브오일을 두르고 썰어둔 양파, 당근, 닭가슴살 비엔나 소시지를 중불에 2~3분간 볶아요.
7. 양파가 투명하게 익으면 소스를 붓고 센 불로 올립니다.
8. 썰어둔 파프리카, 청피망, 양송이버섯을 넣고 골고루 섞듯이 볶아요.
9. 소스가 케첩 농도로 졸여지면 그릇에 덜어 통깨를 뿌립니다.

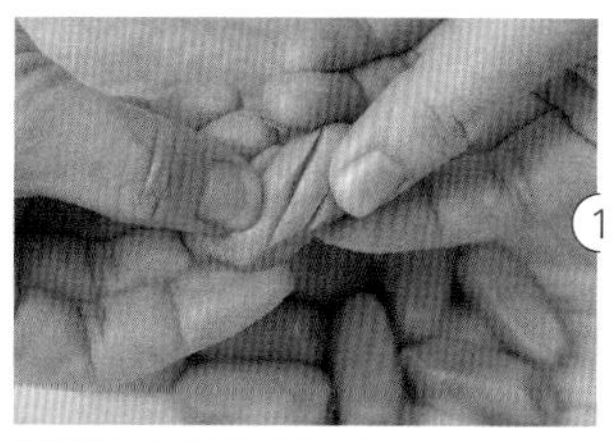

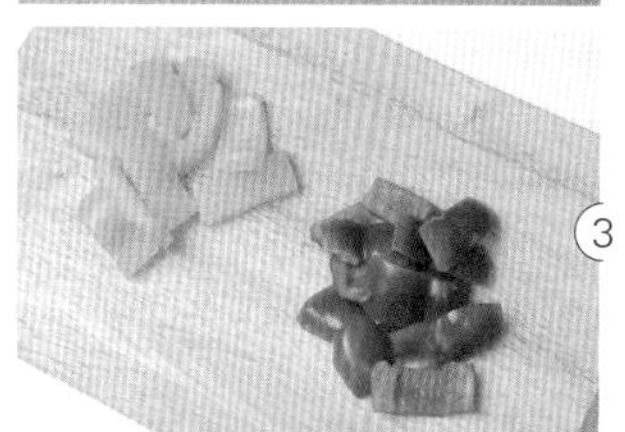

★ 닭가슴살 소시지는 끓는 물에 한 번 데쳐서 기름기와 소금기를 빼고 사용하면 좋아요.

곤약양배추 떡볶이

"다이어트 중에 멀리해야 할 대표적인 음식 중 하나가 매콤한 떡볶이예요. 하지만 너무너무 먹고 싶을 때 고추장 양은 줄이고 매운맛은 그대로 살려 떡 대신 곤약으로 저칼로리 떡볶이를 만들어보세요."

재료

곤약 200g
사각어묵 1장
닭가슴살 비엔나 소시지 2~3개
양배추 100g
달걀 1개
대파 1대
통깨 조금

양념장

고춧가루 2큰술
카레 가루 1/2큰술
고추장 1큰술
올리고당 2.5큰술
후춧가루 조금
긴장 1큰술
물 350ml

1. 곤약은 떡볶이떡 모양으로 썰고 끓는 물에 식초를 1큰술 넣어 20초간 데칩니다.
2. 사각어묵도 한입 크기 삼각형으로 썰고, 닭가슴살 비엔나 소시지는 사선으로 2~3개 칼집을 넣어요.
3. 양배추는 1cm 두께로 굵게 채 썰고, 대파는 어슷썰기를 합니다.
4. 달걀은 취향대로(반숙 또는 완숙) 삶아서 껍질을 벗깁니다.
5. 볼에 분량의 재료를 섞어 양념장을 만들어요.
6. 냄비에 물과 양념장을 잘 풀어줍니다.
7. 양념물에 곤약을 넣고 3분 정도 끓인 후 썰어둔 어묵, 양배추, 닭가슴살 비엔나 소시지를 넣고 2분 더 끓여요.
8. 어슷 썬 대파를 넣고 걸쭉하게 졸입니다.
9. 반으로 자른 달걀을 올리고 통깨를 뿌립니다.

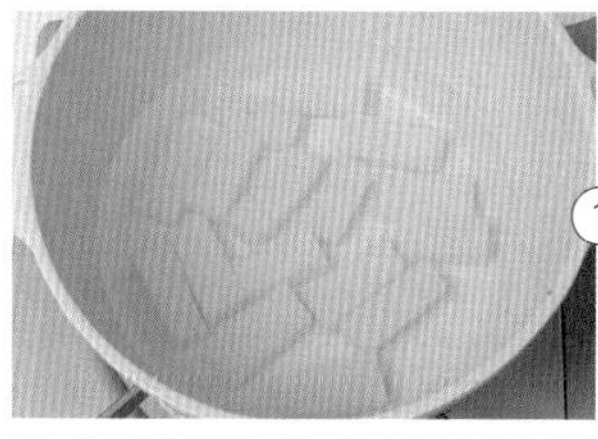

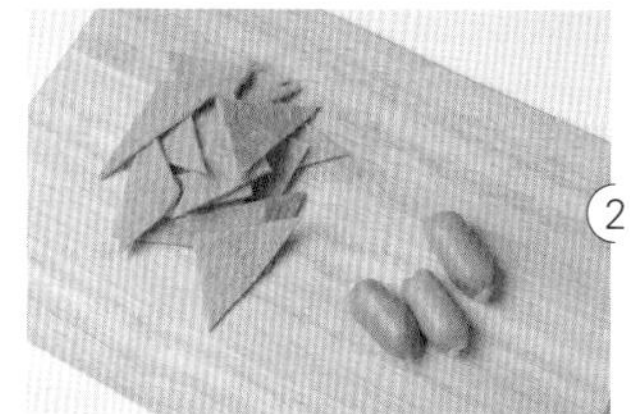

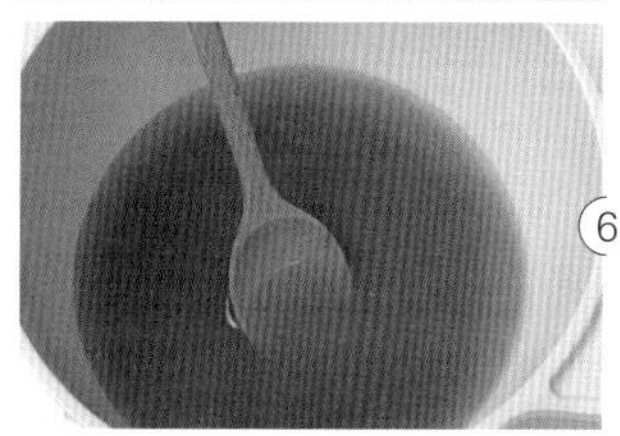

★ 양배추를 넣으면 물기가 많이 생기니 양배추 양을 늘리고 싶다면 물을 줄입니다.

라이스페이퍼
고구마치즈스틱

“밀가루와 빵가루, 튀김옷 없이 바삭하고 쫀득한 저칼로리 고구마치즈스틱을 만들어 먹어요.”

재료

고구마 1개(중간 크기)
스트링 치즈 2개
사각 라이스페이퍼 4장
캔 옥수수 2큰술
올리브오일 1큰술

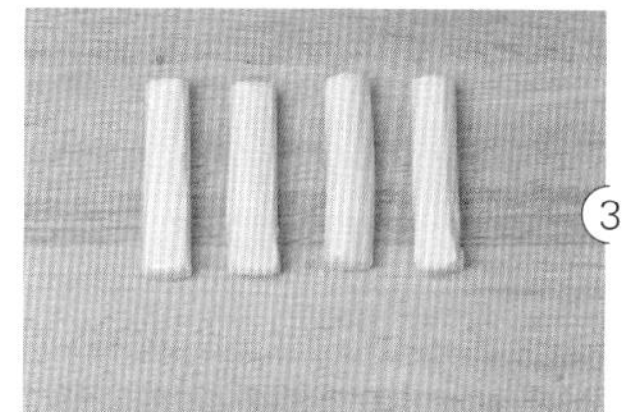

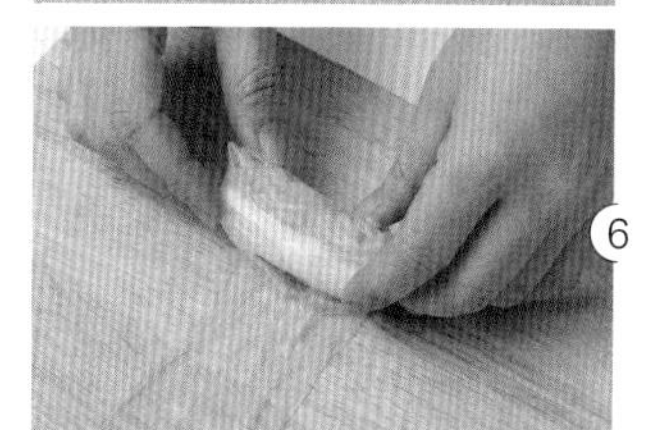

1. 고구마는 깨끗이 씻어서 삶은 후 껍질을 벗기고 뜨거울 때 포크로 으깹니다.
2. 으깬 고구마에 캔 옥수수를 넣고 버무려요.
3. 스트링 치즈는 손가락 길이 정도로 자릅니다.
4. 사각 라이스페이퍼를 뜨거운 물에 살짝 적셔 도마 위에 펼쳐요.
5. 라이스페이퍼 위에 으깬 고구마를 1큰술 올리고 스트링 치즈를 올립니다.
6. 양옆으로 속재료가 튀어나오지 않도록 잘 말아줍니다.
7. 팬에 올리브오일을 두르고 중불에 2~3분간 서로 붙지 않도록 주의하면서 치즈가 녹을 정도로 바삭하고 노릇노릇하게 구워요.

☆ 스트링 치즈 대신 모차렐라 치즈를 넣어도 맛있어요.

베트남피자
반짱느엉(2장 분량)

"베트남에서 쉽게 볼 수 있는 길거리 음식 반짱느엉. 라이스페이퍼 속에 달걀과 여러 가지 재료를 넣어 바삭하게 구웠어요. 한번 맛보면 자꾸만 생각나는 메뉴입니다."

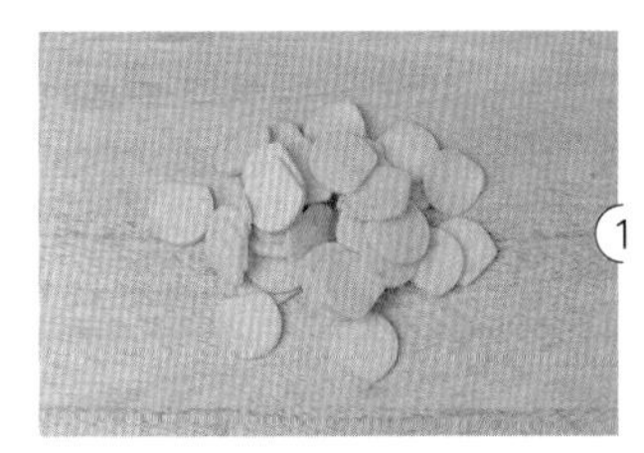

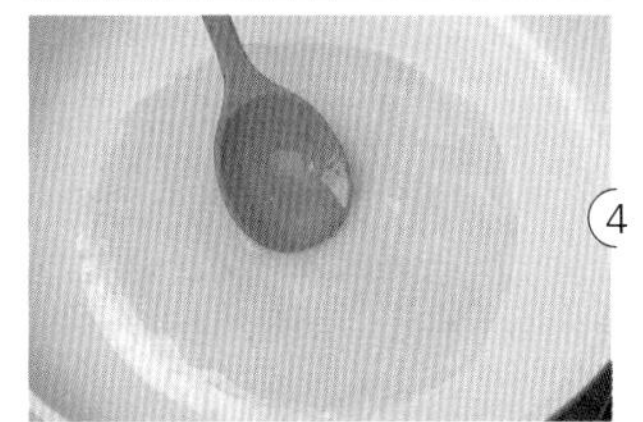

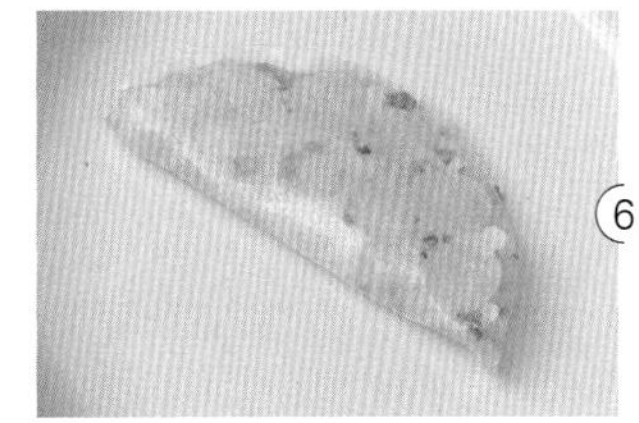

재료

닭가슴살 소시지 1개
달걀 2개
쪽파 3~4대
빨강 파프리카 1/4개
라이스페이퍼 2장
모차렐라 치즈 4큰술
스리라차 소스 조금

1. 닭가슴살 소시지는 동전 모양으로 얇게 썰어요.
2. 쪽파는 송송 썰고, 빨강 파프리카는 0.5cm 두께로 잘게 다져요.
3. 팬에 기름을 두르지 않고 약불에 라이스페이퍼를 올려요.
4. 달걀을 바로 깨서 올리고 숟가락으로 라이스페이퍼 크기만큼 펼칩니다.
5. 얇게 썬 닭가슴살 소시지, 송송 썬 쪽파, 잘게 다진 파프리카를 올리고 모차렐라 치즈를 뿌립니다.
6. 반으로 접고 한 번 뒤집어서 구워줍니다.
7. 모차렐라 치즈가 녹으면 접시에 덜어내고 스리라차 소스를 뿌립니다.

★ 반짱느엉은 고수를 넣은 샐러드와 잘 어울립니다.

통밀토르티야 고구마피자

"다이어트 중에 피자가 당긴다면 빵 대신 얇은 토르티야로 밀가루를 줄이고 달달한 고구마와 토핑으로 만들어보세요.
오늘 하루만큼은 꿀도 찍어서 달달하게 즐겨보세요."

재료

찐 고구마 1개
통밀 토르티야 1장
모차렐라 치즈 100g
캔 옥수수 1큰술
아몬드 슬라이스 1큰술
꿀 2큰술
파슬리 가루 조금

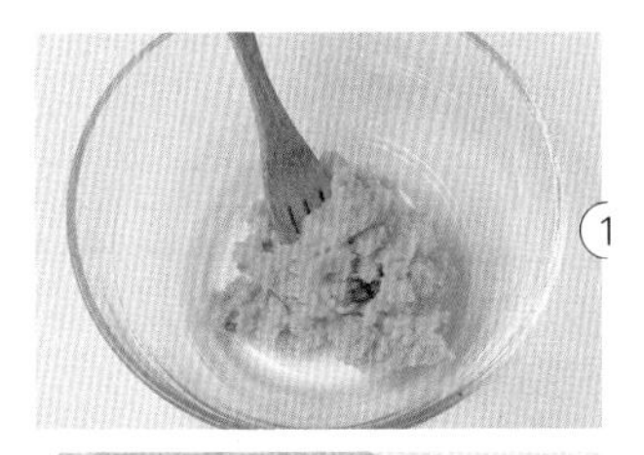

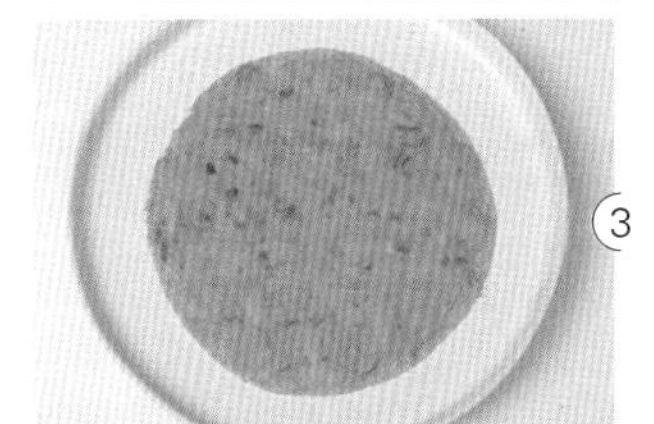

1. 삶은 고구마는 껍질을 벗기고 포크로 으깹니다.
2. 통밀 토르티야 1장에 으깬 고구마를 얇게 펴 발라요.
3. 오븐용 접시에 토르티야를 올립니다.
4. 모차렐라 치즈, 캔 옥수수, 아몬드 슬라이스를 골고루 올립니다.
5. 예열한 오븐 180도에 8~10분 구워줍니다.
6. 구운 토르티야피자를 6~8등분으로 자르고 파슬리 가루를 뿌립니다. 취향에 따라 꿀에 콕 찍어 먹어요.

★ 프라이팬에 조리할 경우 뚜껑을 덮고 가장 약한 불에 치즈가 녹을 때까지 구워요.

★ 신선한 채소 샐러드와 함께 먹으면 더 좋아요.

밀가루 없는 부추전

"바지락은 지방이 적고 단백질 함량이 높아 다이어트 식품으로 좋아요. 새우와 바지락으로 단백질을 채우고 밀가루 없이도 바삭한 전을 만들어보세요. 비 오는 날 먹으면 행복한 메뉴입니다."

재료

칵테일 새우 10마리(작은 크기)
바지락살 10g
부추 70g
당근 2cm
양파 1/4개
홍고추 1/2개
청양고추 1/2개
달걀 2개
감자 전분 1큰술
얼음 1~2개
올리브오일 3큰술
소금 2꼬집

소스

식초 조금
간장 조금

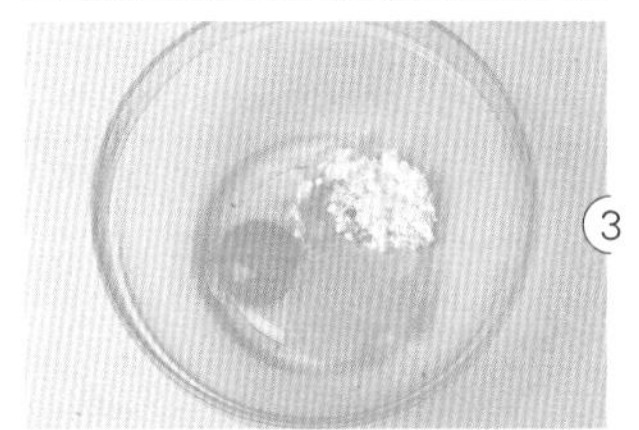

1. 부추는 깨끗이 씻어 4cm 길이로 썰고, 당근과 양파는 부추와 비슷한 두께로 채 썰어요.
2. 홍고추와 청양고추도 0.2cm 두께로 송송 썰어요.
3. 큰 볼에 달걀, 감자 전분, 얼음 1~2개를 넣고 뭉치지 않게 풀고 덜 녹은 얼음은 기름이 튈 수 있으니 건져냅니다.
4. 새우와 바지락살은 흐르는 물에 씻어 물기를 빼두세요.
5. 반죽에 부추, 채 썬 당근과 양파, 바지락살, 소금을 넣고 골고루 섞어요.
6. 팬에 올리브오일을 두르고 충분히 달궈지면 반죽을 펼치고 새우와 송송 썬 홍고추, 청양고추를 올려요. 반죽 가장자리에 기포가 생기고 노릇해지면 뒤집어서 구워줍니다.
7. 중불에 2~3분 구워 해물이 익으면 한 번 더 뒤집어서 구워요.
8. 분량의 재료를 섞어 만든 소스에 찍어 먹어요.

★ 얼음을 넣어 반죽이 차가우면 더 바삭하게 구워집니다.
★ 감자 전분 대신 통밀가루나 쌀가루를 넣어도 됩니다.
★ 기름이 충분히 달구어졌을 때 반죽을 올려야 더 바삭하게 구워집니다.

Special
PART

주스

케일 사과주스

"유제품은 넣지 않고 가볍게 한 끼 해결하고 싶을 때 마시면 좋아요. 일주일에서 10일 분량을 한 번에 만들어 소분해서 냉동해두고 먹으면 됩니다. 주스를 마시고 군것질이 정말 많이 줄었어요!"

재료

케일 3장
사과 1/2개
바나나 1개
생수 200ml

1. 케일은 깨끗이 씻어서 물기를 털어내고 적당한 크기로 썰어요.
2. 사과는 갈기 좋은 크기로 깍둑썰기를 해요.
3. 바나나는 껍질을 벗기고 적당한 크기로 뚝뚝 떼어내세요.
4. 믹서에 모든 재료를 넣고 곱게 갈아요.

* 사과는 껍질째 넣어요.
* 바나나는 검은 반점이 올라올 정도로 후숙한 것을 사용해야 설탕 없이도 달달해요.

케일키위
파인애플주스

"케일+사과 조합과 함께 가장 많이 소개된 주스입니다.

매일 마셔도 질리지 않고 다이어트를 하면서 식사량이 줄어 변비를 겪는 사람들에게 좋아요!"

재료

케일 3장
키위 2개
파인애플 1컵(종이컵)
생수 200ml

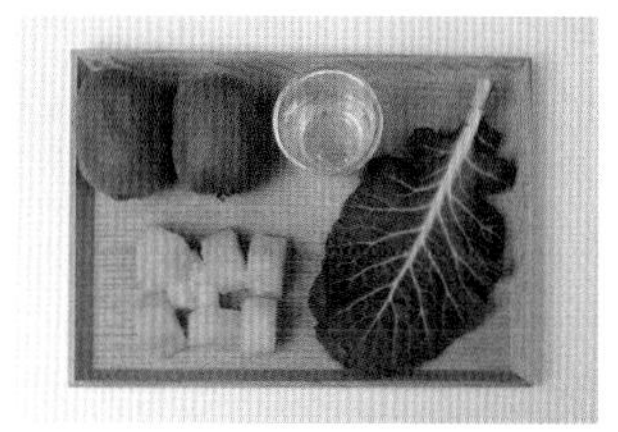

1. 케일은 깨끗이 씻어서 물기를 털어내고 적당한 크기로 썰어요.
2. 키위는 껍질을 벗기고 갈기 좋은 크기로 썰어요.
3. 파인애플도 갈기 좋은 크기로 깍둑썰기를 합니다.
4. 믹서에 모든 재료를 넣고 곱게 갈아요.

양배추
사과주스

"아침에 먹는 사과는 언제나 맛있어요. 양배추와 요거트를 넣어 쾌변에도 한몫하는 주스랍니다.
누구나 맛있게 마실 수 있는 조합이에요."

재료

양배추 2/3컵
사과 1/2개(작은 것 1개)
마시는 플레인 요거트 100ml
생수 100ml

1. 양배추는 깨끗이 씻어서 갈기 좋은 크기로 썰어요.
2. 사과도 갈기 좋은 크기로 깍둑썰기를 해주세요.
3. 믹서에 모든 재료를 넣고 곱게 갈아요.

* 맵고 아린 양배추는 살짝 찌거나 데쳐서 사용하세요.

양배추
귤당근주스

"겨울이면 쉽게 구할 수 있는 귤! 비타민C가 풍부해 감기 예방에 탁월하죠.
가끔 껍질이 질기고 단맛이 덜한 귤을 샀을 때 활용하면 정말 좋아요."

재료

양배추 2/3컵
귤 2~3개(작은 것)
당근 1/3개
꿀 1/2큰술
생수 150ml

1. 양배추는 깨끗이 씻어서 갈기 좋은 크기로 썰어요.
2. 귤은 껍질을 벗기고 3~4등분합니다.
3. 당근은 깨끗이 씻어서 갈기 좋은 크기로 썰어요.
4. 믹서에 모든 재료를 넣고 곱게 갈아요.

아보카도 바나나양배추주스

“아보카도와 바나나가 묵직하면서도 포만감을 오래 유지해 주어 식사 대용으로도 좋아요!
밀크셰이크처럼 부드럽고 달콤하답니다.”

재료

아보카도 1/2개
바나나 1개
양배추 1/3컵
아몬드 5개
우유 100ml
생수 100ml

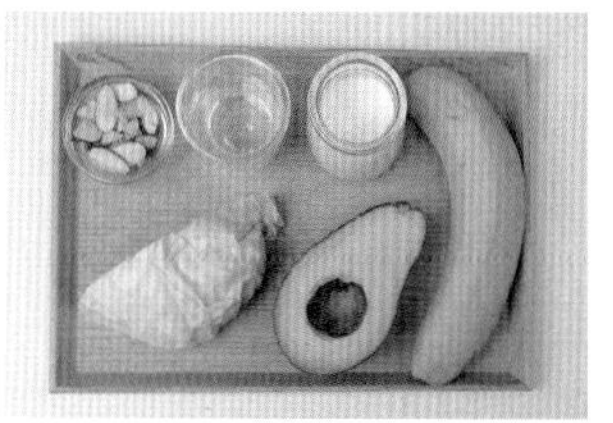

1. 아보카도는 씨를 제거하고 껍질을 벗겨 깍둑썰기를 합니다.
2. 바나나는 껍질을 벗기고 적당한 크기로 뚝뚝 떼어내세요.
3. 양배추는 깨끗이 씻어서 갈기 좋은 크기로 썰어요.
4. 믹서에 모든 재료를 넣고 곱게 갈아요.

★ 아보카도는 3~5일 정도 후숙하는데, 검은빛을 띠고 꼭지를 눌렀을 때 묵직하게 들어갈 정도가 좋아요.
★ 바나나는 검은 반점이 올라올 정도로 후숙한 것을 사용해야 설탕 없이도 달달해요.
★ 아몬드 대신 땅콩을 넣어도 좋아요.

바나나 오이주스

"갈증 해소에 좋은 오이가 바나나를 만나면 달콤한 멜론 주스 같아요.
더운 여름 등산 갈 때 챙겨가 보세요. 목 넘김도 좋고 시원해서 정말 맛있어요."

재료

바나나 1개
오이 1/2개
레몬즙 2큰술
꿀 1/2큰술
생수 200ml

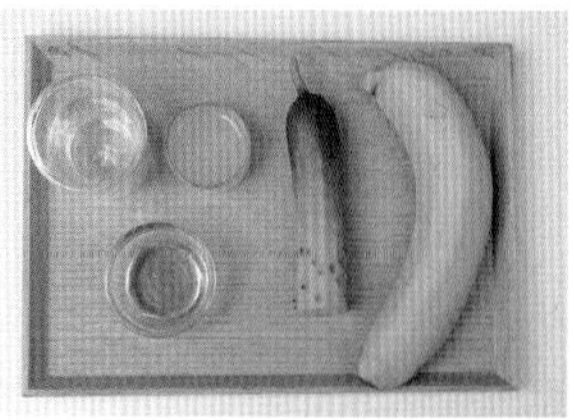

1. 바나나는 껍질을 벗기고 적당한 크기로 뚝뚝 떼어내세요.
2. 오이는 굵은소금으로 표면을 문질러 닦은 후 흐르는 물에 씻어주세요.
3. 씻은 오이는 갈기 좋은 크기로 썰어주세요.
4. 믹서에 모든 재료를 넣고 곱게 갈아요.

★ 바나나는 검은 반점이 올라올 정도로 후숙한 것을 사용해야 설탕 없이도 달달해요.

비트바나나 요거트스무디

"비트가 몸에 좋은 건 알고 있지만 특유의 흙냄새 때문에 호불호가 있죠. 찜기나 밥솥에 한 번 쪄서 사용하면 흙내 없이 고소한 찐 옥수수 맛이 난답니다. 독소 배출과 혈관 건강에 좋은 주스예요."

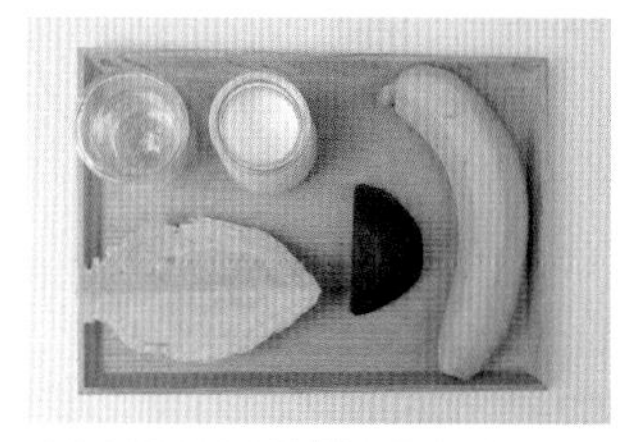

재료

비트 1/5개
바나나 1개
양배추 2/3컵
마시는 플레인 요거트 100ml
생수 100ml

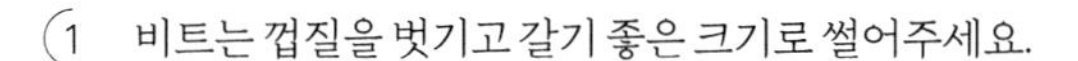

1. 비트는 껍질을 벗기고 갈기 좋은 크기로 썰어주세요.
2. 손질한 비트는 찜기에 10분 정도 쪄서 특유의 흙내를 줄여주세요.
3. 바나나는 껍질을 벗기고 적당한 크기로 뚝뚝 떼어내세요.
4. 양배추는 깨끗이 씻어서 갈기 좋은 크기로 썰어요.
5. 믹서에 모든 재료를 넣고 곱게 갈아요.

* 바나나는 검은 반점이 올라올 정도로 후숙한 것을 사용해야 설탕 없이도 달달해요.
* 비트는 한 번에 쪄서 소분해 냉동 보관하면 간편하게 만들 수 있어요.

오빠당주스

"오렌지+바나나+당근, 이름도 예쁜 주스예요.
달달한 게 먹고 싶은데 당분이 많은 주스는 부담스러울 때 가족과 함께 건강하게 만들어 마셔요."

재료

오렌지 1/2개
바나나 1개
당근 1/3개
양배추 2/3컵
레몬즙 1큰술
생수 200ml

1. 오렌지는 껍질을 벗기고 3~4등분합니다.
2. 바나나는 껍질을 벗기고 적당한 크기로 뚝뚝 떼어내세요.
3. 당근과 양배추는 깨끗이 씻어서 갈기 좋은 크기로 썰어요.
4. 믹서에 모든 재료를 넣고 곱게 갈아요.

* 바나나는 검은 반점이 올라올 정도로 후숙한 것을 사용해야 설탕 없이도 달달해요.

블루베리바나나 스무디

"아이스크림이 먹고 싶을 때 만들어보세요. 블루베리에 풍부한 눈에 좋은 안토시아닌 성분이 눈 건강까지 지켜줄 거예요. 변비와 노화 방지에도 탁월한 다이어트 간식으로 추천합니다."

재료

블루베리 1컵
바나나 1개
양배추 2/3컵
마시는 플레인 요거트 100ml
생수 100ml

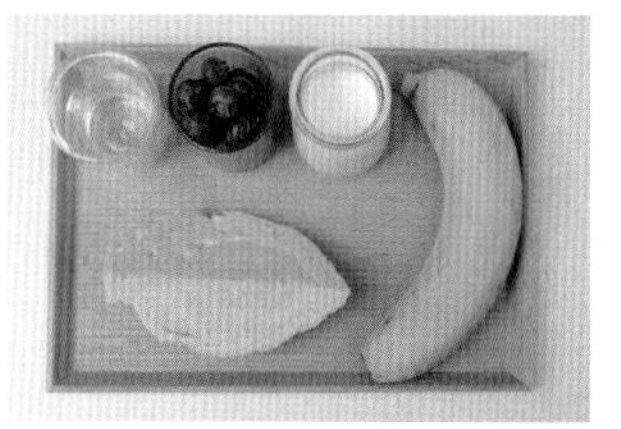

1. 바나나는 껍질을 벗기고 적당한 크기로 뚝뚝 떼어내세요.
2. 양배추는 깨끗이 씻어서 갈기 좋은 크기로 썰어요.
3. 믹서에 모든 재료를 넣고 곱게 갈아요.

- 냉동 블루베리를 사용해도 좋아요.
- 바나나는 검은 반점이 올라올 정도로 후숙한 것을 사용해야 설탕 없이도 달달해요.

방울토마토 당근주스

"샌드위치와 정말 잘 어울리는 주스예요. 생당근에 익숙하지 않은 사람도 맛있게 마실 수 있어요.
당근과 방울토마토 둘 다 저칼로리에 비타민이 가득한 채소랍니다."

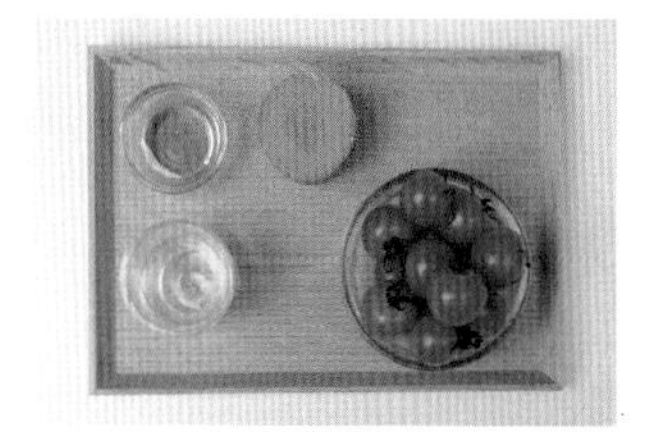

재료

방울토마토 10~15개
당근 1/2개
스테비아 1/2작은술
생수 200ml

1. 방울토마토는 꼭지를 떼어내고 흐르는 물에 씻어주세요.
2. 당근은 깨끗이 씻어서 갈기 좋은 크기로 썰어요.
3. 믹서에 모든 재료를 넣고 곱게 갈아요.

스테비아는 꿀 1작은술로 대체 가능해요.

검은콩 두유

"식사 대용으로 좋은 주스입니다. 요즘은 검은콩 가루도 인터넷으로 쉽게 살 수 있으니 집에서도 걸쭉하고 든든한 검은콩 두유를 만들어보세요. 닭가슴살 외에도 다양한 단백질을 섭취해보세요."

재료

바나나 1개
양배추 2/3컵
두유 100ml
볶은 검은콩 가루 1큰술
생수 150ml

1. 바나나는 껍질을 벗기고 적당한 크기로 뚝뚝 떼어내세요.
2. 양배추는 깨끗이 씻어서 갈기 좋은 크기로 썰어요.
3. 믹서에 모든 재료를 넣고 곱게 갈아요.

★ 바나나는 검은 반점이 올라올 정도로 후숙한 것을 사용해야 설탕 없이도 달달해요.

시금치 바나나주스

“여성들의 건강에 좋은 철분과 식이섬유가 가득한 시금치! 사계절 쉽게 구할 수 있어 주스는 물론 다양한 요리에 사용되는 시금치를 바나나와 함께 갈아 마시면 목 넘김도 부드럽고 몸에도 좋답니다.”

재료

시금치 30g
바나나 1개
코코넛워터 200ml

1. 시금치는 한 장씩 떼어내고 사이사이 끼어 있는 흙을 깨끗이 씻어주세요.
2. 바나나는 껍질을 벗기고 적당한 크기로 뚝뚝 떼어내세요.
3. 믹서에 모든 재료를 넣고 곱게 갈아요.

- 시금치는 살짝 데쳐서 넣어도 좋아요.
- 바나나는 검은 반점이 올라올 정도로 후숙한 것을 사용해야 설탕 없이도 달달해요.
- 코코넛워터 대신 마시는 플레인 요거트를 넣어도 맛있어요.

청포도
케일주스

"쌈, 샐러드, 주스까지 다양하게 활용 가능한 케일! 여러 가지 영양소는 물론 눈 건강에도 정말 좋은 쌉싸름한 케일과 피로 회복에 좋은 달달한 청포도가 만나 정말 상큼한 맛을 선사합니다."

재료

청포도 1컵
케일 4장
양배추 2/3컵(종이컵)
생수 250ml

1. 케일은 깨끗이 씻어서 물기를 털어내고 적당한 크기로 썰어요.
2. 양배추도 깨끗이 씻어서 갈기 좋은 크기로 썰어요.
3. 믹서에 모든 재료를 넣고 곱게 갈아요.

★ 바나나는 검은 반점이 올라올 정도로 후숙한 것을 사용해야 설탕 없이도 달달해요.

INDEX

MEMO

MEMO